网络空间安全丛书

安全物联网系统设计

[美] 苏米特·阿罗拉(Sumeet Arora)
拉马钱德拉·甘菲尔(Ramachandra Gambheer)
米纳克希·沃赫拉(Meenakshi Vohra) 著

姚凯　曾大宁　栾浩　译

清華大學出版社
北　京

北京市版权局著作权合同登记号　图字：01-2021-6888
Sumeet Arora，Ramachandra Gambheer，Meenakshi Vohra
Design of Secure IoT Systems: A Practical Approach Across Industries
978-1-260-46309-5

图书在版编目(CIP)数据

安全物联网系统设计 / (美) 苏米特 • 阿罗拉 (Sumeet Arora)，(美) 拉马钱德拉 • 甘菲尔 (Ramachandra Gambheer)，(美) 米纳克希 • 沃赫拉 (Meenakshi Vohra) 著；姚凯，曾大宇，栾浩译. —北京：清华大学出版社，2023.4
(网络空间安全丛书)
书名原文：Design of Secure IoT Systems: A Practical Approach Across Industries
ISBN 978-7-302-63152-1

I. ①安… II. ①苏… ②拉… ③米… ④姚… ⑤曾… ⑥栾… III. ①物联网—系统设计 IV. ①TP393.409 ②TP18

中国国家版本馆 CIP 数据核字(2023)第 053392 号

责任编辑：王　军
装帧设计：孔祥峰
责任校对：成凤进
责任印制：刘海龙

出版发行：清华大学出版社
网　　址：http://www.tup.com.cn，http://www.wqbook.com
地　　址：北京清华大学学研大厦 A 座　　**邮　　编**：100084
社 总 机：010-83470000　　**邮　　购**：010-62786544
投稿与读者服务：010-62776969，c-service@tup.tsinghua.edu.cn
质 量 反 馈：010-62772015，zhiliang@tup.tsinghua.edu.cn
印 装 者：天津鑫丰华印务有限公司
经　　销：全国新华书店
开　　本：170mm×240mm　　**印　　张**：12.5　　**字　　数**：283 千字
版　　次：2023 年 6 月第 1 版　　**印　　次**：2023 年 6 月第 1 次印刷
定　　价：68.00 元

产品编号：094832-01

谨以本书献给挚爱的亲友们：

Krishan先生和Raj Arora–Sumeet夫人

Vittal Rao Gambheer先生和已故的Raghothama Vittal–Ramachandra夫人

Jagdish 先生和 Usha Vohra–Meenakshi 夫人

作者简介

Sumeet Arora 担任数据分析公司 ThoughtSpot 的首席研发官。ThoughtSpot 公司的使命是利用搜索和人工智能技术，为知识工作者增加分析能力和洞察能力，帮助知识工作者创建一个更趋向于以事实为驱动的世界。在加入 ThoughtSpot 公司之前，Sumeet 曾担任 Cisco System 公司的高级副总裁并兼任服务提供商网络部总经理。在总经理岗位上，Sumeet 领导了面向全球服务提供商的网络/路由产品的工程、研发和产品管理团队。

Ramachandra Gambheer 担任 Cisco System 公司的高级技术和业务运营经理。Ramachandra 在硬件系统设计、物联网和海量硬件测试自动化领域拥有 30 年的全面经验，并在美国境内期刊和国际期刊上发表了多篇论文。Ramachandra 曾经为包括机器视觉在内的各个行业设计了多个基于 FPGA 的嵌入式系统。Ramachandra 也是 Surathkal NITK (KREC)的校友和前教员。

Meenakshi Vohra 作为安全专家，曾在 Uber、VMware、洛克希德马丁和赛门铁克等大型公司和初创公司工作。Meenakshi 实现了嵌入式平台和云计算软件系统的安全协议，以及出租汽车、无人机、出租飞机、自行车和滑板车等自主车辆的边缘系统。Meenakshi 拥有二十多年的网络和软件产品研发经验。Meenakshi 具有计算机科学学士学位和网络与安全硕士学位。

译 者 序

全球物联网正在高速增长。GSMA 发布的《2020 年移动经济 (The mobile economy 2020)》报告显示，2019 年全球物联网总连接数达到 120 亿，预计到 2025 年，全球物联网总连接数规模将达到 246 亿，年复合增长率高达 13%。2019 年我国的物联网连接数 36.3 亿，全球占比高达 30%。而根据 2021 年 9 月世界物联网大会的数据，2020 年末，我国物联网的连接数已经达到 45.3 亿，预计 2025 年将超过 80 亿。

2021 年初发布的《中华人民共和国国民经济和社会发展第十四个五年规划和 2035 年远景目标纲要》划定了 7 大数字经济重点产业，包括云计算、大数据、物联网、工业互联网、区块链、人工智能、虚拟现实和增强现实，这 7 大产业也将承担起数字经济核心产业增加值占 GDP 超过 10%目标的重任。该纲要明确在“十四五”期间，让 5G 用户普及率提高到 56%，并且 5 次提到关于物联网的规划发展。国家在“新基建”方面的建设进一步发展，5G 基站、工业互联网、数据中心等领域加快建设。物联网作为新型基础设施的重要组成部分，同样将得到快速发展。截止 2021 年底，我国物联网产业规模已超 2.6 万亿元，三家基础电信企业的蜂窝物联网用户达 13.99 亿户。

然而，人们在享受万物互联带来的便利同时，物联网终端的安全问题却逐渐暴露出来，甚至成为最薄弱环节。大量物联网设备在部署时，几乎没有同步配置防护能力，影响了物联网的整体安全可靠性。而由于物联网设备本身的局限性，传统的安全防护措施在部署时面临着极大的挑战。但是，随着物联网与业务的融合日益加深，其漏洞给各组织的整体信息安全带来巨大的隐患。不断增长的物联网互联设备为攻击方提供了广泛的网络攻击入口，导致物联网面临着大量的问题和挑战。国家互联网应急中心(以下简称 CNCERT)发布的《2020 年我国互联网网络安全态势综述》显示，联网智能设备恶意程序样本数量持续上升，采用 P2P 传播方式的联网智能设备恶意程序异常活跃。2020 年，CNCERT 运营的国家信息安全漏洞共享平台(CNVD 漏洞平台)新增收录的通用联网智能设备漏洞数量同比增长 28%，境内联网智能设备被控端 2929.73 万个，通过控制联网智能设备发起的 DDoS 攻击日均 3000 余起。累计控制规模大于 10 万的僵尸网络共 53 个，控制规模为 1 万至 10 万的僵尸网络共 471 个，涉及的设备类型主要有家用路由器、网络摄像头、会议系统等。

分析认为，很多厂商和组织缺乏安全意识和安全能力，在研发和部署物联网智能设备时，没有做好安全考虑，导致出现软硬件安全漏洞。而且，很多设备也缺乏软件安全更新机制或机制不安全，导致从根本上无法修复漏洞，从而产生了恶劣的后果。有鉴于此，清华大学出版社引进并主持翻译了《安全物联网系统设计》一书，希望通过本书，让广大物联网从业人员和安全从业人员理解物联网面临的独特安全挑战，物联网的不同应用场景，物联网的网络架构和数据架构，将信任和安全融入物联网设计的方法，以及物联网的生命周期管理。本书领衔作者 Sumeet Arora 是数据分析公司 ThoughtSpot 的首席研发官，利用搜索和人工智能为每位知识工作者带来见解和分析，帮助创建一个更现实的世界。第 2 位作者 Ramachandra Gambheer 是 Cisco System 公司的高级技术和业务运营经理。Gambheer 在硬件系统设计、物联网和大容量硬件测试自动化领域拥有 30 年的经验，并在美国和国际期刊上发表了多篇论文。Gambheer 为包括机器视觉在内的各个行业设计了多个基于 FPGA 的嵌入式系统。第 3 位作者 Meenakshi Vohra 是一名安全专家，曾在 Uber、VMware、洛克希德马丁和赛门铁克等大型公司以及各种初创公司工作。 Vohra 已在嵌入式平台和云软件系统以及边缘系统中实施了安全协议，并且在网络和软件产品研发方面拥有 20 多年的经验。本书以网联汽车为案例，贯穿全书的讨论，同时在第 9 章深入探讨了在第 2~8 章中学习的设计和构建物联网基础设施所支持的案例。

翻译过程中，译者力求忠于原著，希望尽可能传达作者的原意。全书的翻译工作历时一年有余，有近十名译者参与翻译和校对工作，有他们的辛勤付出，才有本书的出版。感谢参与本书校对的信息系统和网络安全专家，保证本书稿件内容表达的一致性和文字的流畅，同时要感谢栾浩、姚凯和曾大宁先生对组稿、校对和统稿等工作所投入的大量时间和精力，保证了全书在技术和内容表达上的准确、一致和连贯。

同时，还要感谢本书的审校单位北京金联融科技有限公司(以下简称“金联融”)。 金联融是集数字化软件技术与数字安全于一体的专业服务机构，凭借现代化的企业管理手段与优秀高效的团队，不断发挥自身优势和整合行业资源，利用丰富的技术经验，专注于数字化软件技术与数字安全领域的研究与实践，为党和政府、大型国有企业、银行保险、大型民营企业等客户群体提供数字经济建设、数字安全规划与建设、网络安全技术、数据安全治理、软件造价和信息系统审计等项目，以帮助客群实现管理目标和数字资产价值交付为核心的全方位、定制化的专业服务。在本书的译校过程中，金联融的数字化专家、安全专家和研发团队结合行业特点与前沿技术信息，投入了多名人员和大量时间支持本书的译校工作，保证了全书的质量。

最后，再次感谢清华大学出版社编辑的严格把关、悉心指导，正是有了他们的辛勤努力和付出，才有了本书中文译稿的出版发行。

物联网技术和物联网安全类书籍涉及多个纵向专业领域，内容涉猎广泛，术语体系复杂且难于辨析。译者能力所限，在翻译中难免有错误或不妥之处，恳请广大读者朋友不吝指正。

译者介绍

栾浩，具有美国天普大学IT审计与网络安全专业理学硕士学位，持有CISSP、CISA、CISP、CISP-A和TOGAF 9等认证。负责金融科技研发、数据安全、云计算安全和信息科技审计和内部风险控制等工作。担任中国计算机行业协会数据安全产业专家委员会专家、(ISC)² 上海分会理事。栾浩先生担任本书翻译工作的总技术负责人，并负责全书的校对和定稿工作。

姚凯，具有中欧国际工商学院工商管理硕士学位，持有CISSP、CCSP、CEH和CISA等认证。负责IT战略规划、策略程序制定、IT架构设计及应用部署、系统取证和应急响应、数据安全、灾难恢复演练及复盘等工作。姚凯先生负责本书第1章的翻译，以及全书的校对、定稿工作，并为本书撰写了译者序。

曾大宁，具有南京航空航天大学飞行器工程专业工学学士学位，持有CISSP和PMP等认证。现任信息技术经理职务，负责芯片行业的数据中心建设与运营、高性能计算环境、网络通信、云计算安全与信息安全等工作。曾大宁先生负责本书第5章的翻译，以及全书的校对、定稿和项目管理工作。

王向宇，具有安徽科技学院网络工程专业工学学士学位，持有CISP、CISP-A、软件工程造价师和软件研发安全师等认证。现任高级安全工程师职务，负责安全事件处置与应急、数据安全治理、安全监测平台研发与运营、云平台安全和软件研发安全等工作。王向宇先生负责全书的校对、定稿工作。

齐力群，具有北京联合大学机械工程学院机械设计与制造专业工学学士学位，持有CISA、CIA和CISP-A等认证。现任技术负责人职务，负责数据安全治理、信息系统审计、信息安全技术等工作。齐力群先生负责本书的校对、通稿工作。

李浩轩，具有河北科技大学理工学院网络工程专业工学学士学位，持有CISP、CISP-A等认证。现任安全技术经理职务，负责IT审计、网络安全、平台研发、安全教培和企业安全攻防等工作。李浩轩先生负责本书前言的翻译，以及全书的校对工作。

徐坦，具有河北科技大学理工学院网络工程专业工学学士学位，持有CISP、CISP-A等认证。现任安全技术经理职务，负责数据安全技术、渗透测试、安全工具研发、代码审计、安全教育培训、IT审计和企业安全攻防等工作。徐坦先生负责本书的校对工作。

刘竞雄，具有长春工业大学计算机工程硕士学位，持有PMP、CISP等认证。现任安全咨询顾问职务，负责政府行业智慧城市安全建设及数据安全、云计算安全和信息安全咨询评估等工作。刘竞雄先生负责本书第2章的翻译工作。

陈皓，具有上海交通大学软件工程专业工学硕士学位，持有CISSP、CGEIT、CISM、

CRISC、CISA 和 TOGAF 等认证。现任雅培中国大中华区域网络安全总监职务，负责企业内部网络安全、数据保护、隐私技术合规等工作。陈皓先生负责第 3 章的翻译工作。

张伟，具有天津财经大学国际贸易专业本科学历，持有 CISSP、CISA 等认证。现任高级安全咨询顾问职务，负责向客户提供信息安全咨询、信息安全实施、应急响应等服务。张伟先生负责本书第 4、6 章的翻译工作。

刘宇馨，具有郑州大学计算机科学与技术专业工学学士学位，持有零信任专家等认证。现任网络安全企业技术总监等职务，负责网络安全技术研究与架构规划设计等工作。刘宇馨先生承担第 7 章的翻译工作。

刘建平，具有华东师范大学计算机科学专业工学学士学位，持有 CISP 等认证。现任信息技术运营经理，负责信息技术基础架构、信息技术运维、安全技术实施、安全合规等工作。刘建平先生负责第 8 章的翻译工作。

王厚奎，具有南宁师范大学教育技术专业网络信息安全方向理学硕士学位，持有 CISI、CISP 和 CISP-PTE 等认证。现任南宁职业技术学院教师/广西网络信息安全服务研究院副院长职务。担任南宁市信息技术学会会长。负责信息安全专业教学、网络安全项目咨询、安全服务等工作。王厚奎先生负责第 9 章的翻译工作。

汤国洪，具有电子科技大学电子材料与元器件专业工学学士学位，持有 CISSP、CISA 和 ISO/IEC27001 等认证。现任 IT 经理与信息安全负责人职务，负责 IT 运维、基础架构安全、网络安全和隐私合规等工作。汤国洪先生负责第 10 章的翻译工作。

梁龙亭，具有北京理工大学计算机科学与技术专业工学学士学位，持有 CISSP 和 ISO/IEC27001 等认证。现任信息安全与合规经理职务，负责安全技术架构设计、安全攻防、安全技术实施、安全合规等工作。梁龙亭先生负责本书第 2 章的校对工作。

张帆，具有上海交通大学工商管理硕士学位，持有 CISA 和 CISSP 等认证。负责 IT 安全策略和制度制定、IT 安全架构及应用部署、跨境数据传输安全、灾难恢复演练等工作。张帆先生负责本书第 4 章的校对工作。

陈欣炜，具有同济大学工程管理专业本科学历，持有 ISO27001LA 等认证。现任云安全合规职务，负责金融云安全和合规管理等工作。陈欣炜先生负责本书第 5 章的校对工作。

周爱玲，具有长春邮电学院通信工程无线通信专业工科学士学位，持有 CISA 认证，现任企业数字化高级行业经理，负责企业互联网、5G 2B 物联网、云计算、安全管理等数字化建设运营方面的工作。周爱玲女士负责本书部分章节的校对工作。

孙立志，具有石家庄工商职业学院软件技术专业专科学历，持有 CISP-A 等认证。现任安全技术工程师职务，负责信息系统审计、安全咨询、安全服务、渗透测试和教育培训等工作。孙立志先生负责本书部分章节的校对工作。

前　言

人们在教育和职业生涯中，曾一直痴迷于获取所学和所做一切事物背后的知识。

对于 Sumeet Arora 来说，无论是在印度理工学院获得的科学和工程专业知识，还是在沃顿商学院学习管理，这种广泛阅读某一学科并将跨多个学科的知识点联系起来的好奇心一直都激励着他。长达 22 年的 Cisco System 公司工作经历促成了 Sumeet 帮助建立和扩展互联网的使命。在建立尖端科技以支持互联网发展的同时，作为商业领袖，Sumeet 还看到了网络对于公司以及国家的影响。最近，Sumeet 开始涉足数据和分析领域，这一领域是数字化转型的关键环节。Meenakshi 在其职业生涯中曾从事多项安全技术的开发，涉及本地部署、云计算、边缘基础架构、软件应用程序和企业以及政府机构信息安全，曾通过在自动驾驶车辆方面的工作涉足物联网安全。Ramachandra 对教学抱有热情并将这一核心能力带入本书。此外，Ramachandra 在硬件设计方面、网络和制造业价值链方面具有深厚的知识和经验。

本书的编撰团队借助在网络、数据及其分析、软硬件、安全、物联网和商业方面的多年经验，构建了更广泛的物联网跨域视图。物联网发展势头强劲，从网络技术的角度看待物联网也成为关键和核心。然而，网络和其他技术只是达成最终目标的途径，这就是从数字化转型以及价值链转型的角度编写本书的原因。编撰团队相信这些正是物联网所推动的结果。编撰团队结合对于商业、网络技术、安全和数据分析几个方面的思索，描述通过连接、自动化、分析和改进的活动如何共同改变不同行业的价值链。编撰团队通过使用数字科技来连接、自动化、分析和改进价值链上的每个环节。

数字化转型对世界的影响极其深远。几乎每个行业甚至公共部门都在以很快的速度发生变化。本书的目标是帮助专家们建立起广泛且跨技术的数字化转型知识，从而实现公司和公共部门通过规划物联网的落地达成关键绩效目标，以便更好地适应这个快速变化的世界。所有这些活动都必须安全地完成并以可信安全的平台作为基础。这就是本书广泛讨论安全主题并在物联网系统设计中强调“安全”的原因。

编撰团队也希望通过本书建立起一个学习团队，大家能够相互交流并收获彼此的见解。本书不仅汇集了编撰团队的知识和思想，也诚邀专家们提出宝贵意见，进而编撰团队能够更好地在本领域改进并提升。数字化转型和物联网是横跨多项技术的独立领域。编撰团队真诚希望物联网专家们能从此书获益并提供富有建设性的意见，以便不断完善本书。

书中包含的参考网址可通过扫描本书封底的二维码获取。

在此，编撰团队感谢所有家人和同事们对此书出版的大力支持，还要特别感谢为此书内容提供建议和指导的专家们。

Sumeet 和 Meenakshi 还要感谢他们的孩子 Saanvi 和 Krish Arora，感谢他们的父母 Krishan 和 Raj Arora，以及 Jagish 和 Usha Vohra。

Ramachandra 感谢他妻子 Bhagya 在本书写作过程中的无条件支持，也万分感激他的父母和老师们。

编撰团队要感谢 McGraw Hill 公司对出版本书的帮助，尤其感谢 Lara Zoble 在撰写本书过程中给予的巨大支持、耐心和激励。2020 年，全世界因为疫情都在封控中。在最坏的这段时期，按时交稿是件很不容易的事。Lara 一直给予编撰团队大力支持，帮助本书顺利完成。编撰团队还想向项目经理 Parag Mittal，编辑主管 Stephen M. Smith，生产主管 Pamela A. Pelton，以及所有其他 McGraw Hill 和 KnowledgeWorks 环球公司的支持人员们致以最诚挚的谢意。没有上述人员的支持，本书就无法出版。

Sumeet Arora
Ramachandra Gambheer
Meenakshi Vohra

目　录

第1章

物联网的演进

本章首先通过简单的现实世界示例讨论数字化转型的概念。通过学习这些真实案例，安全专家们能够了解什么是物联网(Internet of Things，IoT)以及其所连接的价值链。接下来，还将探讨物联网的基本构建块(Building Block)。本章重点介绍基本的物联网单元，这些单元将在本书中作为物联网结构中的核心单元。本书所有章都使用相同的案例，以便将本书所有的知识都运用到真实案例中。

1.1 数字化转型简介

标准普尔 500 指数(S&P 500，又称 S&P)是衡量在美国证券交易所上市的 500 家大型公司股票表现的股票市场指数。标准普尔 500 指数是最受关注的股票指数之一，业内认为，标准普尔 500 指数不仅是美国股市的最佳代表之一，能否入选标准普尔 500 指数也是衡量一家企业是否成功的标准。

计算标准普尔 500 指数值的公式为

$$\text{指数水平} = \frac{\sum Pi \cdot Qi}{\text{除数}}$$

其中，P 是指数中每只股票的价格，Q 是每只股票的公开可用股票数量。除数在股票发行、分拆或发生类似结构变化的情况下有所调整，以确保此类事件本身不会改变指数值。图 1.1 是 1950—2016 年的标准普尔 500 指数。有关标准普尔 500 指数的更多信息，请访问网址 1.1。

在标准普尔 500 指数中，公司平均寿命已经从 1950 年的 60 年下降到现在的不到 20 年。技术的快速革新以及技术自身的快速迭代是各行业公司变革步伐加快的主要原因。预计随着数字化转型的深入发展，变化的速度只会进一步加快。

数字化转型(Digital Transformation，DT)正在席卷各行各业的价值链，甚至改变了政府为民众服务的方式。在所有行业或者政府部门中，“价值链”(Value Chain)都是指投入价值用于创造产品或服务，进而通过产品或服务交付更高价值的一系列活动。产品价值链示例如图 1.2 所示。运营为入库的产品或服务增加价值，最终通过营销和销售渠道将产品交付给客户。

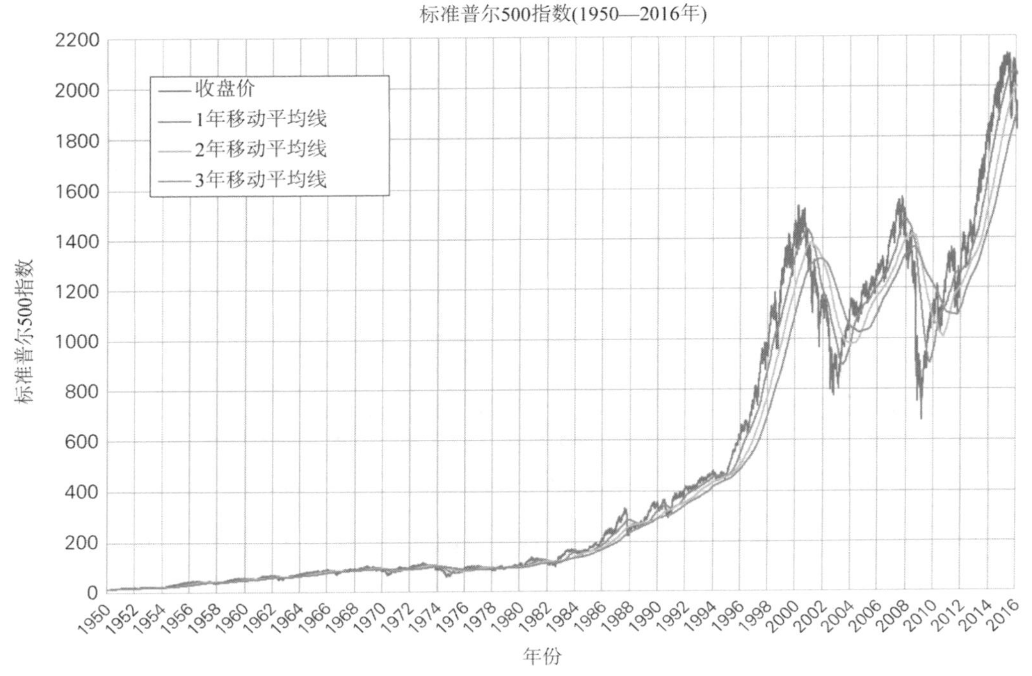

图 1.1 标准普尔 500 指数收盘价(1950—2016 年)以及 1 年、2 年和 3 年的移动平均线

(由 Overjive-Own 提供，CC BY-SA 4.0)

图 1.2 产品价值链示例

数字化转型是通过数字技术实现的，这些数字技术有助于将整个价值链延伸到消费端，帮助完成价值的交付和反馈自动化、价值链的数据分析工作，帮助改善价值链内和行业的生产效率、成本以及价值交付。互联网、移动通信、传感器和运营技术、物联网、云平台基础架构、自动化和分析正在随集成化的趋势逐渐结合，以实现跨行业和政府的价值链的连接、自动化、分析和改进。

1.1.1　共享汽车

物联网能够帮助实体进行连接，实现自动化和分析，并不断提高其为最终客户提供的价值。要研究数字化转型的影响，需要了解各行各业的示例。先来看看共享汽车是如何改变交通部门的。几年前，人们乘坐出租车需要拨打运营公司的电话预订时间。出租车的可用性和定价由持有执照的出租车行业和可用车辆的数量决定。过去的运营模式存在司机与乘客的联系有限，乘客对自身体验的反馈也很有限的问题。同时，用于需求、供应、体验、乘车时间、交通状况、价格敏感度和安全等因素的数据很难收集和分析，且成本高昂。随着共享汽车(Uber、Lyft 等)的出现，乘客可与服务提供方(司机)实时按需地连接起来——掌握需求(乘客需求，即乘客想去的地方)、寻找供应(可让乘客到达目的地的司机)、匹配合适的司机(基于优化算法)、实时持续监测行程的工作流程、付款和收集乘客及司机的体验数据都是自动处理的。图 1.3 显示了共享汽车应用程序的示例。整个工作流程可达成收集数据，持续分析，并提升乘客体验、司机体验、收入水平以及平台规模和盈利能力等。因此，交通行业受到了前所未有的颠覆，这就是物联网和相关技术所展示出的颠覆性力量。

物联网所使用的资产包括云计算平台(平台托管的物理位置)、移动通信(司机和乘客的智能手机)、定位服务(定位司机和乘客的位置)和在线支付服务。平台、汽车、司机和乘客都可被视为组成网络的连接实体。

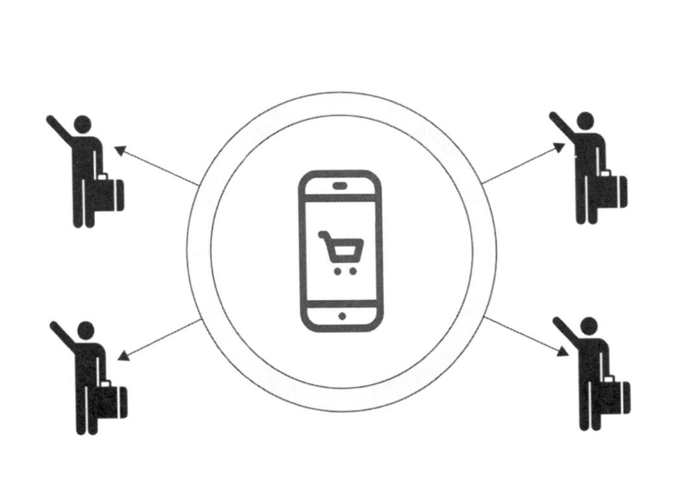

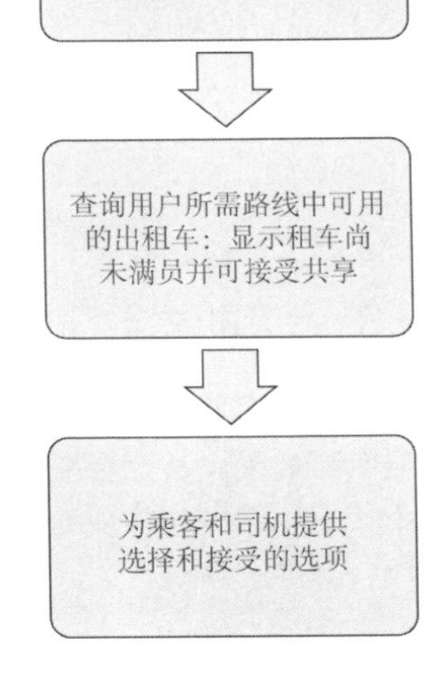

图 1.3　共享汽车应用场景

1.1.2　语音辅助导航系统

再来看看其他示例。20 世纪 90 年代初，人们出行常带着纸质、雅虎或美国汽车联合会(AAA)的地图。但现在是什么情形呢？无论是智能手机或车载信息娱乐系统都有基于 GPS 的地图，如谷歌地图，可显示从起点到目的地的驾驶路线，导航可显示随着移动而动态变化的实时交通状况，并提供语音指导。地图服务数字化转型的价值不仅已从离线纸质地图大幅提升到在线实时导航，还可优化实时交通状况。图 1.4 是谷歌地图导航的示例，可根据当前的实时交通状况为车主提出更佳的路线建议。

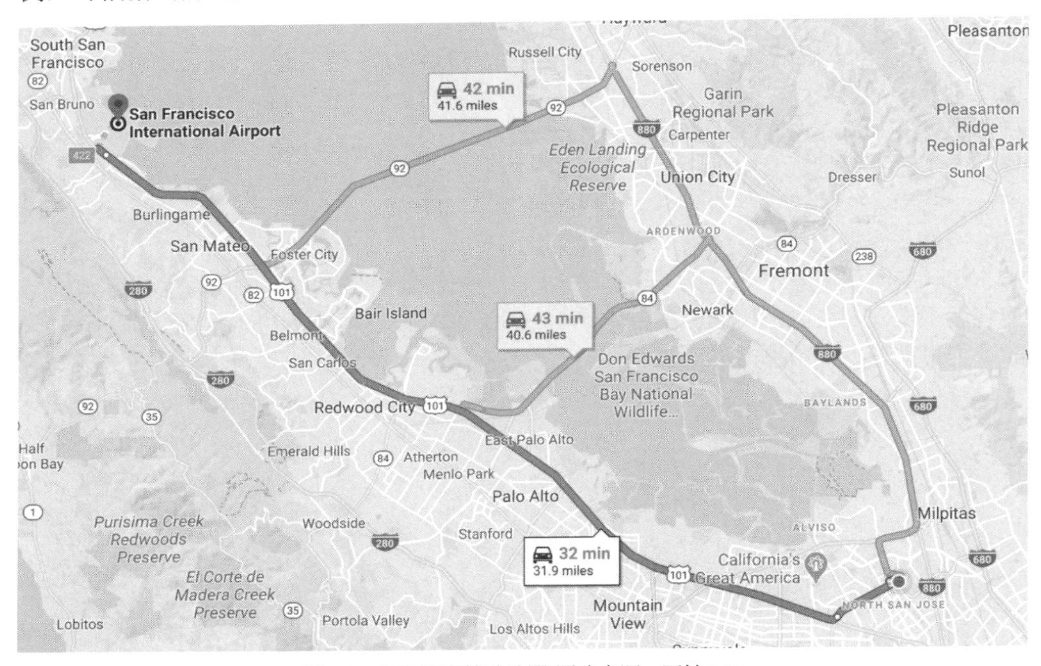

图 1.4　谷歌语音辅助地图(图片来源：网址 1.2)

1.1.3　使用机器学习的数字购物体验

现在，在线购物完全改变了客户的购物体验。许多在线购物门户网站允许用户全天候购买商品，甚至会根据用户的需求提供建议。通过移动购物应用程序，用户可通过上传自己的图片实现虚拟试衣功能。图 1.5 是智能手机的虚拟试衣类应用程序屏幕截图。

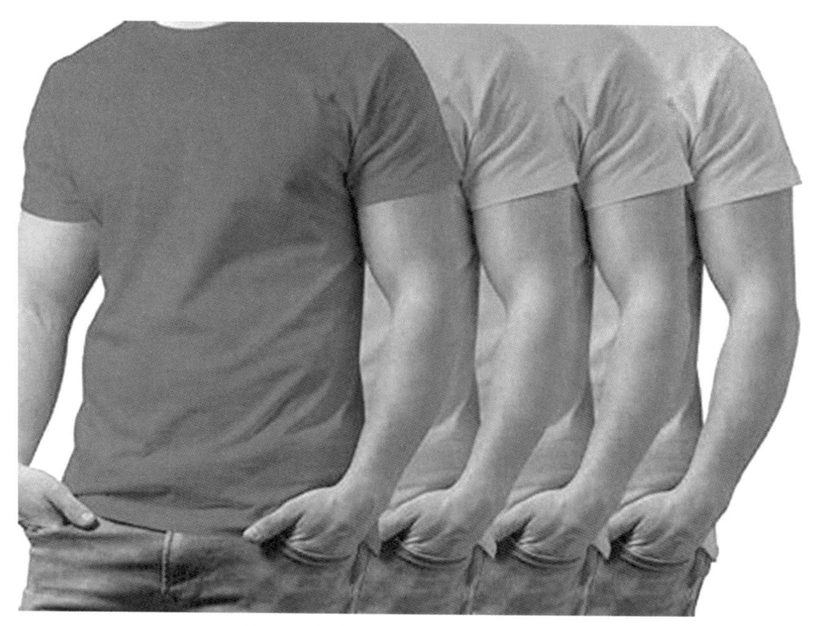

图 1.5　智能设备的在线购物应用程序

这些技术和应用程序可提升用户的在线购物体验，令体验过程更加生动，更贴近真实的线下商店购物体验。当用户在搜索引擎中查找商品时，商品的数字广告就开始出现在用户浏览的其他网站中。用户相关性和个性化算法(机器学习算法)完成了这一功能。一旦用户在线确认订单，就可在智能手机上轻松获得所有跟踪信息，直到商品送到用户的家门口。从挑选商品到交付给用户的整个价值链都实现了数字化的跟踪和改进，以帮助获得更好的用户体验。几乎所有运输提供方(航空、公路或铁路)都有自己的用户界面应用程序，用户可在智能手机上自由选择应用程序提供的所有服务，从预订旅行到跟踪旅程直至抵达最终目的地。图 1.6 选取了几个示例，用户通过使用手机应用程序将获得无感知的在线交易和体验。

1.1.4　智能医疗健康系统

接下来探讨医疗健康系统。以前，患者预约医生，需要提前打电话到医生办公室，先了解医生是否有时间，再预约医生的时间。如今，患者只要拥有一部智能手机，就能通过医疗机构的应用程序预约甚至自动付款。有些医疗健康应用程序在启用后，会自动检测患者是否到达医生办公室，并为患者办理登记手续，并将用户列入候诊患者名单。检测结果也可通过应用程序获悉且可随时查看。有些医疗健康应用程序还提供提醒服务，以免用户错过预约。还有一个加强医患价值链的示例，药房的处方药品预配自动化改变了整个医疗健康系统的应用场景，旨在帮助患者在预约、等待时间和获取医疗信息方面获得更好的体验。图 1.7 是医院或者医疗机构办公室中的患者候诊监视屏的示例。图 1.8 是智能手机上医疗健康应用程序的屏幕截图示例。

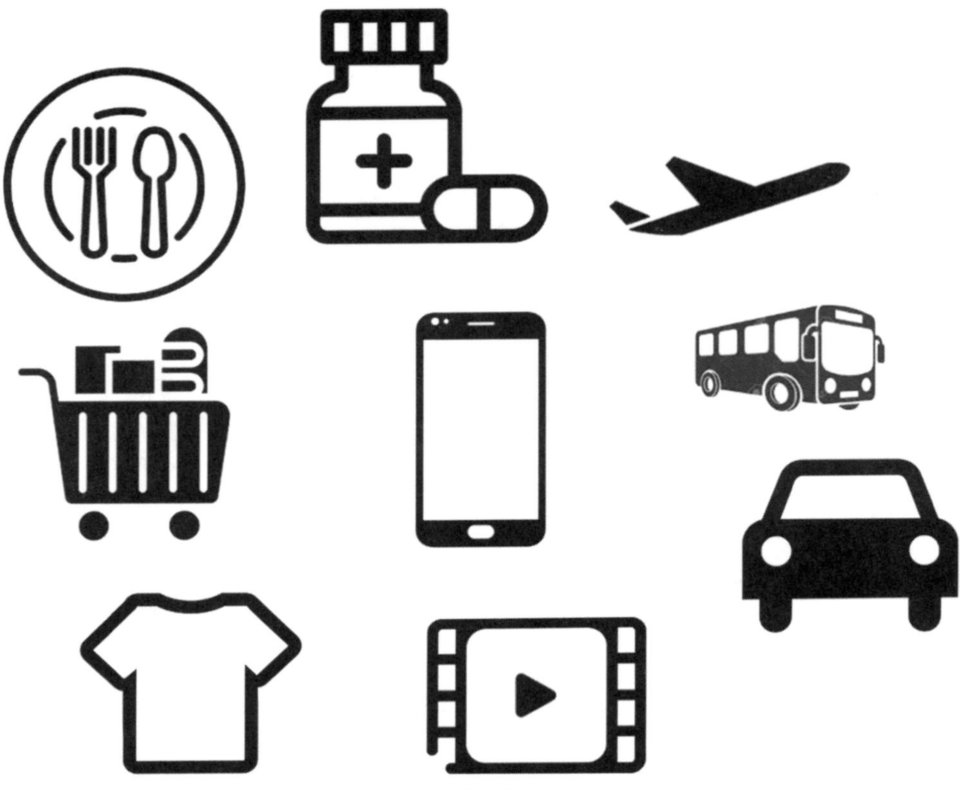

图 1.6 在线购物应用程序

图 1.7 患者候诊监视屏

图 1.8　智能手机中的医疗健康应用程序

1.1.5　数码即时摄影应用场景

摄影师们应该还记得在 20 世纪 90 年代的经历。那时，使用配备胶卷的手动单反(Single Lens Reflector，SLR)相机拍摄照片是一项大工程。从购买胶卷到冲洗底片和打印照片的费用相当昂贵，与家人和朋友即时分享照片更只是一个梦想。此外，图片质量只有在胶片显影和冲印后才能知道，有时，当拿到照片时，人们才会发现：由于某个失误，重要照片的拍摄效果很差。现今的人们无法体验到这个场景。如今的情况是，通过使用自己的智能设备，可以随时随地拍摄绝对高质量的照片，并在几秒钟内分享到全球各地。这之所以成为可能，是因为在摄影中使用了数字技术以及在云端存储和共享照片，如图 1.9 所示。

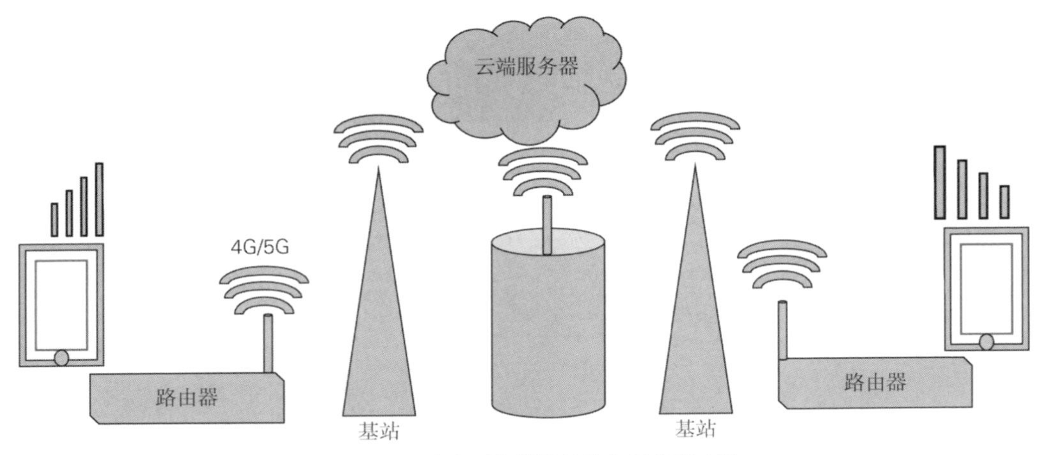

图 1.9 使用智能手机拍照并共享/保存到云端

1.1.6 制造自动化

对于任一行业，如汽车、制药或电子制造服务(Electronic Manufacturing Service，EMS)的制造部门，自动化能够提高生产效率和产品质量，这也是数字化转型的另一个示例。

如图 1.10 所示，在制造过程中，机器人拾取并放置部件，完成装配过程，同时，机器人由相互连接的各个加工机器所控制。在全自动流水线中，第二台机器的加工过程取决于第一台机器的加工结果。

图 1.10 制造自动化实例(图片来源：网址 1.3)

1.1.7 网联汽车

网联汽车解决了交通和道路安全方面的许多现实问题。如今，大多数汽车都有数百个传感器连接到发动机控制单元(Engine Control Unit，ECU)和车身控制单元(Body Control

Unit，BCU)。数传感器都支持 IP 网络，允许互联交互并与外部设备通信。支持 IP 的传感器与道路上的其他车辆通信并发出警报以规避碰撞。这种通信不仅提供了道路安全，而且还有助于交通管控。图 1.11 阐述了网联汽车的概念。

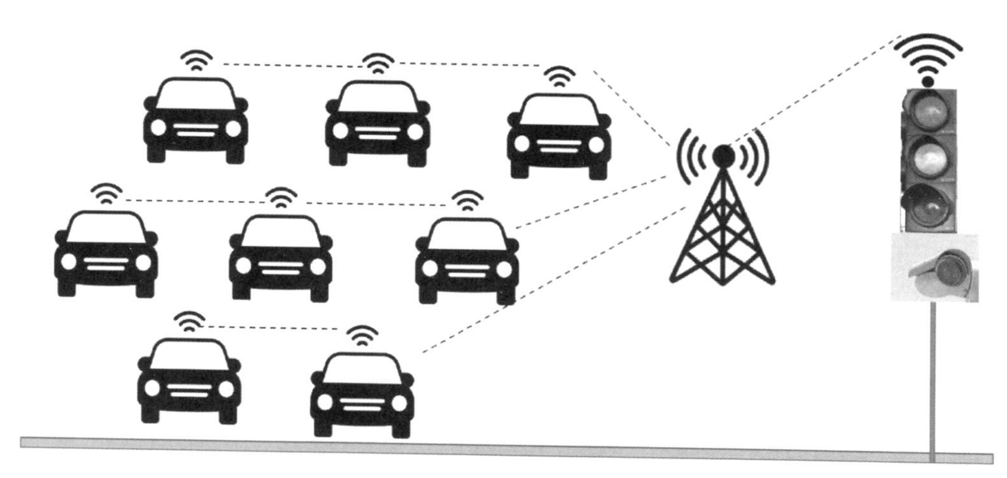

图 1.11 网联汽车

数字化转型能够颠覆的领域十分广泛，凡能想到的应用场景都可考虑实现数字化。数字化转型已经彻底改变了人类的生活方式乃至世界的方方面面。

在行业整体考虑中，公司需要专注于运用数字技术连接运营资产，在包括客户在内的整个价值链中实现工作流的自动化，并投资数据分析以提高价值链的生产效率和用户体验。

1.2 连接的价值链

请回顾价值链的概念。例如，咖啡店使用咖啡豆和多种食材，通过咖啡机以及咖啡师的专业知识为客户制作饮料。这杯咖啡所赚取的价格要高于制作过程中所有投入的成本。当获得的价格超过所有投入的总成本时，价值就创造出来了。价值链中的创新通常通过改变创造的价值(如显著提高赚取的价格)和/或产生的成本(如大幅降低投入成本)以创造价值。图 1.12 展示了从获取咖啡豆到制备咖啡的价值链创造示例。

需要记住的一个关键点是，企业必须将产品的客户和用户纳入价值链背后的数据链之中。了解谁是实际消费者非常重要，必须尽一切努力连接和收集来自实际最终消费者的数据。

图 1.12　价值链的创建

1.3　什么是数字化转型

数字化转型是运用数字技术来连接、自动化、分析和改进价值链的各个方面。 在产品领域，数字化转型涵盖了从产品研发到产品部署，以及客户和用户消费的整个产品生命周期。商业中的数字化转型正将数字技术应用于商业的每个方面和每个阶段，包括分析和处理来自商业(产品或服务)生命周期各部分的数据。

1.4　物联网简介

物联网指的是连接智能事物的网络系统，物联网能够帮助实体发送和接收数据以及指令。“物”(Thing)包括从烤面包机到汽车、打印机、闹钟、温度计、电话和各种机器的所有事物，当然，列表还不止于此。物联网期望将任何有价值的“物”连接到互联网，以便能够创建更好的价值链和更好的体验。“物”的概念甚至包括人类！

例如，当人们早上醒来时，闹钟将通知用户实时交通情况，同时将交通情况同步至用户的汽车，然后将导航汽车行驶到路况较好的道路，并且，汽车还会收到可用停车位的数据，当然，这一切都无须人工干预和输入信息。或者，打印机在工作时收到提示彩色墨盒电量不足的警报并自行订购墨盒。这只是物联网工作的几个示例，但目前，物联网技术提供的潜力仅处于应用场景的初始阶段。心脏等器官的医疗传感器已经与互联网连接，传感器帮助医生获得有关患者健康的实时告警信息，告警信息可用于挽救人们的生命。另一方面，物联网信息也引发了大众对个人隐私、数据安全、信息安全和人身安全的担忧，人类社会需要一套可信的物联网平台。

1.5　物联网系统的基本构建块

物联网系统的基本构建块已经使用了一段时间，而作为控制系统的互联系统则在工业自动化方面运行了更长时间，甚至人类的身体也是一套运行良好的控制系统。尝试理解这样一套闭环系统，假设人们在工作时感到饥饿，大脑从人体的消化系统中得到信号，即饥肠辘辘并期待进食。因此，大脑现在要决定进食方式以及在哪里找到食物。假设可在自助餐厅买到食物，大脑就会向身体提供必要的指令以做出决定。首先，身体会停止当前正在做的工作，大脑发布指令，命令迈开腿步行到自助餐厅。在行走过程中，如果有障碍物，眼睛向大脑提供必要的信号，大脑根据眼睛提供的反馈，指示腿走向正确的路径。整个过程其实是一套闭环反馈控制系统。一旦到达自助餐厅，大脑就会向手提供必要的指令，命令手购买食物和吃饭。手向嘴里喂食时，舌头会感觉到味道。这些动作会一直持续到胃发出“饱”的信号。如果把人体看成一个系统，那么，大脑就是中央处理单元(Central Processing Unit，CPU)，手和腿就是执行器，眼睛和耳朵是传感器，所有这些部分都与 CPU 互连。整个系统在带有闭环反馈系统的命令/响应协议下展开工作。图 1.13 展示了人体的闭环反馈系统。人体是连接系统的一个典型示例，为更好地理解物联网系统打下了基础。

图 1.13　人体的闭环反馈系统

物联网系统可被看作一组连接到 CPU 的传感器和执行器，其中，CPU 接收来自传感器(Sensor)的输入信号，同时向执行器(Actuator)发出指令以执行任务。或许添加一个内存元素将有助于记住指令和数据。在物联网系统中，上述一组基本构建块分布在整个网络中，且规模可以扩展到海量规模和大型网络。

首先定义“物联网单元”(IoT Cell)。物联网单元由作为输入单元的传感器、通过可选存储器确定作为处理/决策的处理单元和作为输出单元的执行器组成。图 1.14 显示了基本物联网单元的结构。本书使用物联网单元描述各种物联网概念。后续章节将详细介绍如何为任何特定的应用程序构建物联网单元的硬件。

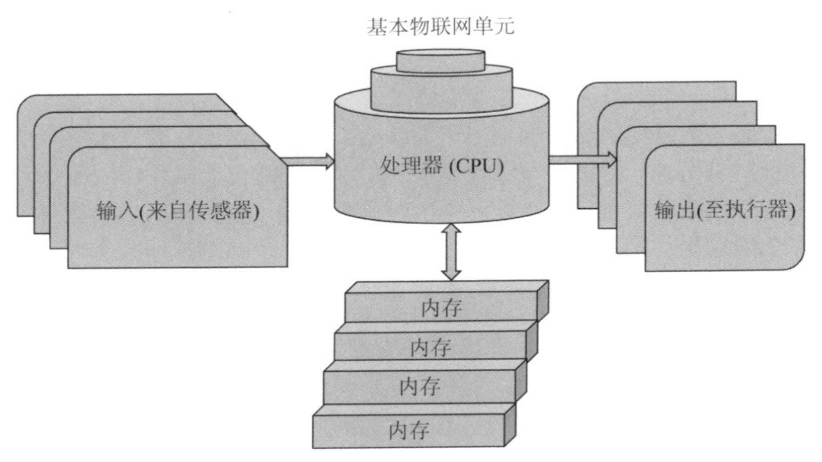

图 1.14　基本物联网单元

通用的物联网系统基本架构如图 1.15 所示。

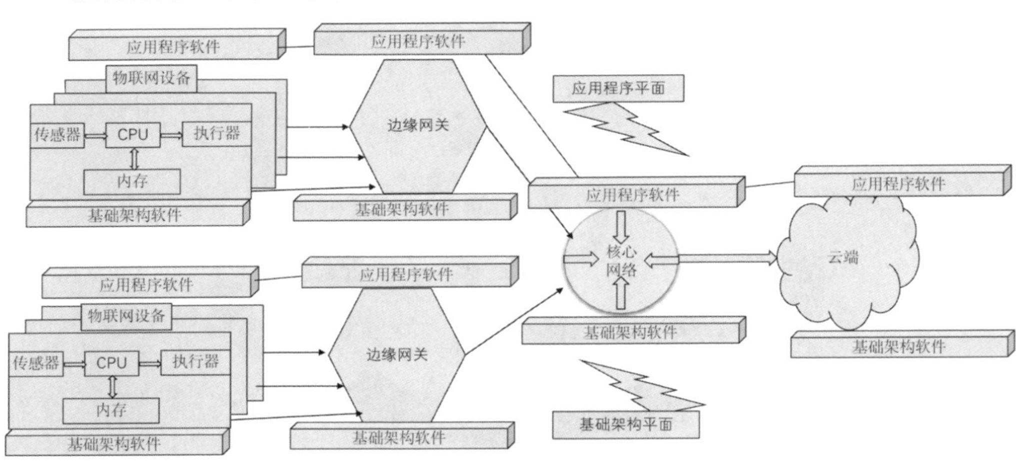

图 1.15　物联网系统的基本架构

传感器和执行器是一种转换器，用于将一种形式的能量转换为另一种形式的能量。传感器将不同类型的输入(如温度和压力)转换为电信号。而执行器将电信号转换为不同类型的输出，如控制机器的旋转运动。与其他的计算设备一样，CPU 是物联网系统的核心，根据不同的应用场景，可选择合适的 CPU。内存用来存储指令、数据和结果。

第 2 章将介绍常见物联网应用程序中使用的各种传感器和执行器，以及 CPU 和内存元器件的选择。

1.6　物联网的发展

物联网系统可被视为由基础架构平面(Infrastructure Plane)和应用程序平面(Application Plane)组成。基础架构平面由物联网设备(依次包含传感器、CPU、内存和执行器)、网络以及跨边缘和云端的计算资源组成。应用程序平面通常是通过软件实现的逻辑，软件用于处理来自传感器的数据，运用算法和策略来推动和改进，以提高支持物联网的系统创造的价值。

人们致力改善跨行业和政府部门的价值链时，真正追求的目标就是改善所创造的价值和体验，令世界变得更美好。物联网是实现这一目标的手段之一。为了实现这一目标，作为物联网的一部分，人们希望将所有必须在互联网上相互交互且通信的实体连接起来，在价值链中提供安全性，价格更便宜，价值更高。

随着互联网的高速扩张以及越来越多的实体上线，物联网应用场景在过去十年间逐步渗透到各行各业。互联网并不是唯一的推动者，移动通信、云计算、开源软件和分析能力正在共同创造条件，使物联网成为价值的赋能方。如今，在物联网中，计算机程序会处理来自传感器的数据，做出决策并运用决策改进系统功能。

最近的研究表明，到 2020 年已有超过 200 亿台设备连接到互联网。物联网创造的价值如此强大，几乎没有任何行业或政府部门免受物联网的影响。根据 Mordor Intelligence (2019)发布的报告，互联可穿戴设备将从 2020 年的 8.35 亿台增长到 2022 年的 11.05 亿台，如图 1.16 所示。未来，物联网设备会有更大的规模，而现在才刚刚开始。

图 1.16　互联可穿戴设备增长趋势

1.7 网联汽车案例

本书将涵盖多个物联网案例，每个主题讲解一个对应的案例，这样可更容易地理解每个主题并加快学习过程。

本书将在所有章节中都使用“网联汽车”这个案例。网联汽车是指能够与外部世界双向通信的车辆。通常，这是用车辆中的互联网连接来完成的，这样数据就可与车辆外部的其他系统共享。从一个点自动(不需要驾驶员)驾驶到另一个预定点的车辆称为自动驾驶车辆(Autonomous Vehicle)。自动驾驶汽车使用各种传感器和执行器以自动驾驶模式运行，无须人工干预。自动驾驶汽车通常也是网联汽车。

根据美国交通部(United States Department of Transportation，USDOT)的研究，仅部署美国交通部正在研发的众多网联汽车安全应用程序中的两个，就可挽救约 1083 条生命。网联汽车使用无线电信号与另一辆网联汽车通信，驾驶员将收到正在接近的交通信号或盲点中存在另一辆车辆或车辆偏离车道的通知。连接的车辆在与另一辆车通信时会共享移动信息，从而提高道路交通安全。根据美国国家公路交通安全管理局(National Highway Traffic Safety Administration，NHTSA)的研究，网联汽车可能减少 80%的碰撞事故，从而挽救数百万人的生命并保护数百万人免受伤害。

提供信息的车载娱乐系统称为信息娱乐系统。一般来说，信息娱乐系统将以下(但不限于)功能集成到系统中：

- 收音机(AM 和 FM)
- 带声音控制的音乐播放器(从 CD/USB 驱动器或蓝牙播放音乐)
- 各种车内控制器(如内外温、湿度)
- 连接到手机的蓝牙
- 导航
- 监测来自所连接车辆摄像头的流视频
- 自定义应用程序

信息娱乐面板示例如图 1.17 所示。

图 1.17 车载信息娱乐面板示例

网联汽车将执行以下任务：

- 通过与其他网联汽车和交通控制单元通信以持续监测车辆安全
- 通过持续监测发动机温度、发动机油液位及黏度、冷却液液位(如果使用冷却液)等重要参数，检查发动机的健康状况
- 通过持续监测胎压检查轮胎的健康状况
- 检查车轮平衡
- 监测 ECU 和 BCU 的性能
- 控制器将车辆参数传送给维修代理商并持续获得维修提示

通过网联汽车中必要的物联网单元，可执行上述所有任务以及更多类似任务。后续章节将介绍各种传感器。此刻，可先了解在网联汽车中所使用的一些传感器。假设所有传感器都是数字传感器，即传感器的输出是数字信号。

传感器是将一种形式的能量转换为另一种形式的能量的转换器。 例如，温度传感器感测温度并提供与感测温度成比例的数字信号作为输出。控制器读取数字信号，并存储或显示等效温度值。

油压传感器由一个弹簧式开关组成，弹簧式开关与直接暴露于油箱中油压下的膜片相连。油压传感器输出的是一个与油压成正比的数字信号，这个数字信号连接到控制器，控制器将解释信号并存储或显示油压。

距离传感器无须任何物理接触即可检测附近区域中是否有物体存在，这是通过发射电磁波或者在传感器周围形成电磁场实现的。通过拦截磁场或接收信号变化，距离传感器可感知到物体的存在，然后转换为等效的数字信号并将之传送到控制器。控制器使用信号存储和显示对象。安装在车身上的距离传感器可检测物体距离的远近。

图 1.18 展示了安装在汽车中的各种传感器。这些传感器连接到控制器，而控制器通常连接到车辆的 ECU。控制器通过编程感应来自各种传感器的数据并维护车辆的安全和健康。控制器通常使用无线局域网实现双向通信。控制器单元还包括用于存储和处理数据的必要存储器。温度传感器提供温度信息，胎压传感器提供胎压数据。距离传感器可识别附近的任何物体，所提供的数据可用于保障安全以避免碰撞。

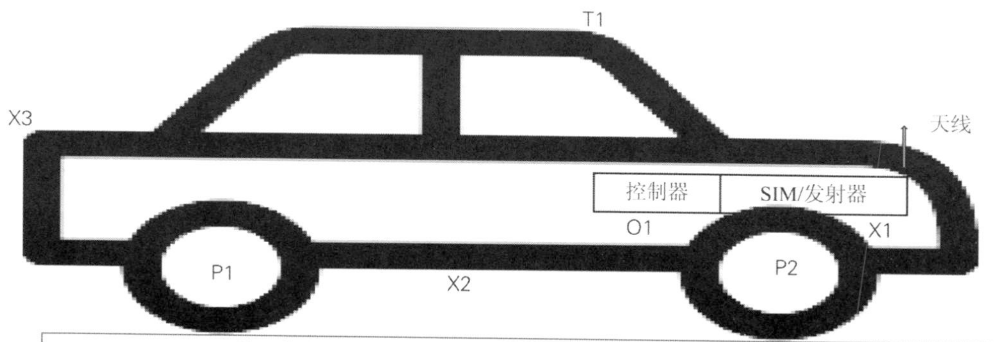

P1、P2：胎压传感器；O1：油压传感器；T1：温度传感器；X1~X3：距离传感器

图 1.18　安装在汽车中的各种传感器

遥测(Telemetry)是指从各个远程位置到中央数据收集点(如云服务器)的自动数据采集和无线传输。控制器将车辆数据传输到云服务器以供车辆服务站点使用。网联汽车与当地的交通控制系统通信以确保道路安全，并防止与其他车辆发生碰撞。当车辆检测到附近有其他车辆时，控制器会向驾驶员发出必要的警告信号，并显示在信息娱乐系统屏幕上。图 1.19 展示了网联汽车的遥测和云端处理。

网联汽车具有以下关键特征：

(1) 物联网单元具有必要、合适的传感器，可对车辆执行诊断、启用导航、检测碰撞、辅助安全以及生成用于分析和改进的数据。

(2) 车载计算和存储能力帮助软件处理来自传感器的数据并采取行动。

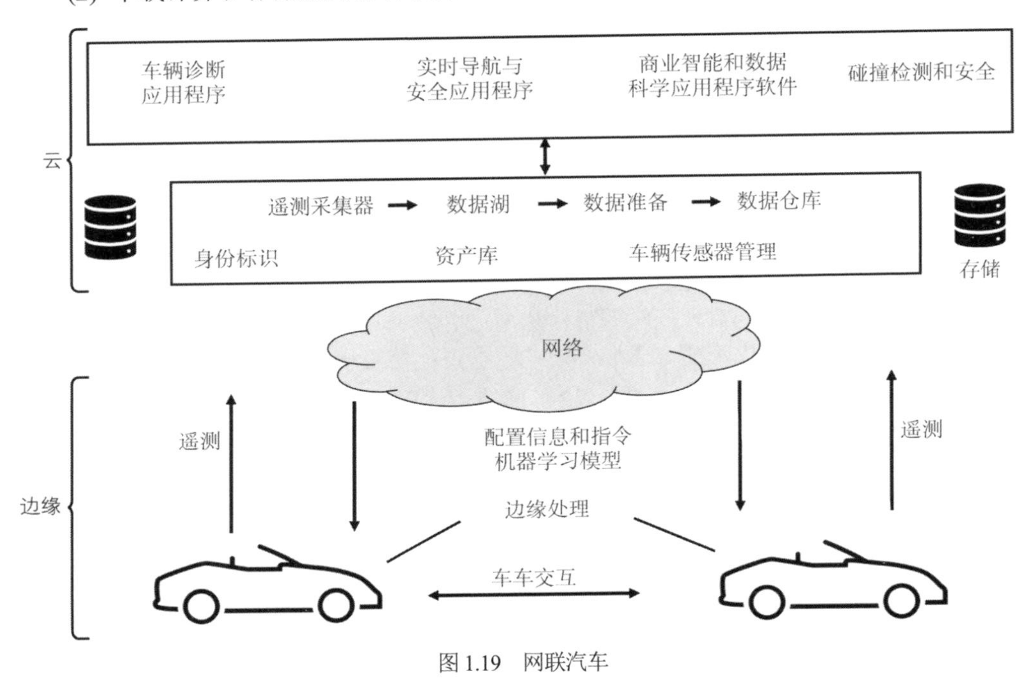

图 1.19 网联汽车

(3) 与基于云平台的软件系统、其他车辆以及交通系统连接。

(4) 分布在边缘和云端的分析系统。

车联网是当今时代重要的物联网应用场景，将通过提高车辆安全水平和驾驶员体验改变整个交通运输行业。 在阅读本书时，这个价值数万亿美元的市场正在进行着数字化转型。

1.8 总结

希望安全专家们能够对所介绍的数字化转型、价值链和物联网感到兴奋。接下来的章节将深入探讨如何构建支持物联网的价值链。第 2 章介绍物联网架构、基本构建块和所涉及的各种协议。第 3 章详细介绍联网机器。第 4 章涵盖网络和网络通信协议。网络是物联网的核心，掌握网络的作用至关重要。第 5 章讲解与构建物联网单元和物联网系统相关的硬件设计和硬件设计周期的基础知识。第 6 章介绍数据系统设计。安全、隐私和信任是当今世界关注的重中之重。随着传感器在物联网中生成数据，需要数据系统能够安全、可扩展且经济实惠地处理和存储数据。第 7 章介绍设计可信与安全的物联网系统。由于物联网涉及跨地域和数量的规模化，因此必须实现自动化。第 8 章涉及基础架构自动化，包括网络自动化。最后介绍特定于案例的应用程序平面。第 9 章深入探讨在第 2~8 章中学习的设计和构建物联网基础设施所支持的案例。第 10 章通过列举一些真实案例，供安全专家们作为练习尝试。读完本书，安全专家们将获得理解、设计和构建物联网系统所必需的关键知识，这些系统反过来又在很大程度上实现了数字化转型。期待安全专家们多多提出宝贵意见和建议，以逐步迭代的方式完善本书。

第2章

物联网架构和技术要点

本章概括介绍物联网系统架构，并描述基础架构平面和应用程序平面的详细组件，之后将深入讨论细节。首先，介绍作为物联网系统骨干的传感器网络原理，以及传感器网络背后所需的技术。物联网的目标是通过数字化转型改善所要考虑的价值链。此外，本章将结合所学到的知识用于一个网联汽车案例，本书的其他章节也将使用这个案例。

2.1 简介

物联网系统由基本的物联网单元组成，这些单元用于捕获数据，在本地处理数据或将数据传输到云端服务器，然后执行智能分析并采取具体活动。预定义的智能基于各种启发式算法构建，这些算法要么驻留在物联网系统上，要么由系统从云服务器接收指令。任何系统(包括物联网系统)如果能在数据收集、数据分析和决策方面实现系统自动化，都可无限扩展。在决策过程中，除了提供价值链外，准确性和安全性也至关重要。本章将探讨一种物联网架构，该架构通常可运用于各个领域与行业。除了汇总各种技术标准外，本章还汇集了构建物联网系统所需的基本技术。

2.2 物联网系统架构

第 1 章介绍了物联网系统的基本架构，本节将探索物联网系统架构相关技术。构成物联网系统架构的两个主要平面为：

- 基础架构平面
- 应用程序平面

接下来，详细介绍基础架构平面和应用程序平面的要素(如图 2.1 所示)。

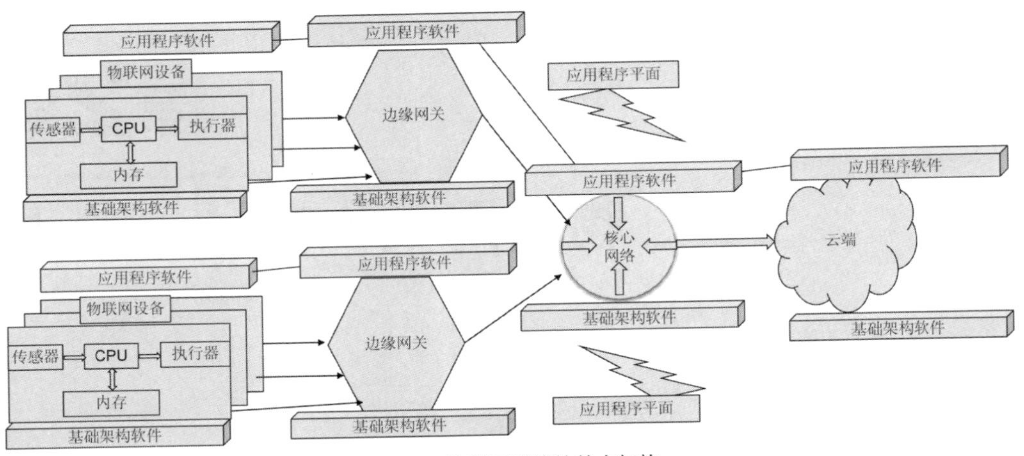

图 2.1　物联网系统的基本架构

2.2.1 基础架构平面

基础架构平面，顾名思义，就是拥有物联网系统的基本基础架构，以便执行系统定义的最少操作。

在传统的网络基础架构中，通常有以下三个与基础架构平面相关的内部平面。根据这三个逻辑平面所关联的功能，这三个内部平面在逻辑上有所区别。

- 数据平面(Data Plane)
- 控制平面(Control Plane)
- 管理平面(Management Plane)

数据平面

数据平面是数据包或帧通过的路径。数据平面接收数据包或数据帧并转发到正确的目的地。为了执行识别数据包并转发到正确目的地的任务，数据平面保存路由表和转发表。换句话说，数据平面将数据包从源移动到正确的目的地。此平面有时称为转发平面(Forwarding Plane)。

控制平面

当数据平面保存路由表时，控制平面准备或填充路由表。因此，控制平面定义了数据包转发的位置和方式。控制平面还定义了网络拓扑和转发表。换句话说，控制平面定义数据路径策略，而数据平面执行该策略。

管理平面

管理平面使网络运营商能够定义控制平面的策略。为此，可使用命令行界面(Command Line Interface，CLI)或应用程序接口(Application Program Interface，API)。操作员可以设置包括负载平衡在内的策略。

以下是基础架构平面的关键组件：

- 物联网单元/设备
- 网络
- 无线传感器网络
- 云计算基础架构
- 连接的机器
- 基础架构软件
- 网络和物联网自动化软件

物联网单元和设备

回顾第 1 章介绍的基本物联网单元(如图 2.2 所示)。基本物联网单元包括作为输入设备的传感器、作为输出设备的执行器以及用于处理和转发采集数据的带内存的 CPU。事实上，基本物联网单元可视为数据采集系统的一种形式。

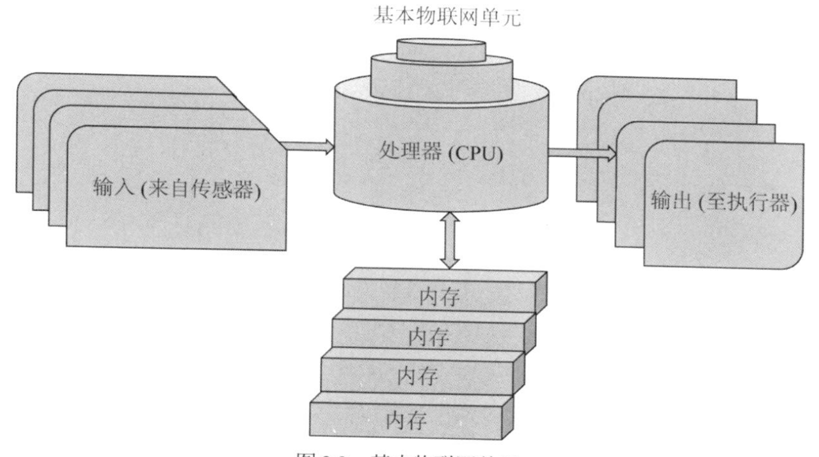

图 2.2　基本物联网单元

传感器

如果没有可用于获取输入数据的传感器，就没有物联网系统。传感器是将一种形式的能量转换成另一种形式的转换器。物联网应用程序可使用传感器将一种形式的能量转换为电信号。电气传感器可大致分为以下两种类型：

- 模拟传感器
- 数字传感器

在模拟传感器中，任何形式的输入能量都将转换成模拟电信号。例如，图 2.3 所示的简单动态模拟话筒是一个模拟传感器或传感器，将声音转换为模拟电信号，可通过导线进一步传输和处理。

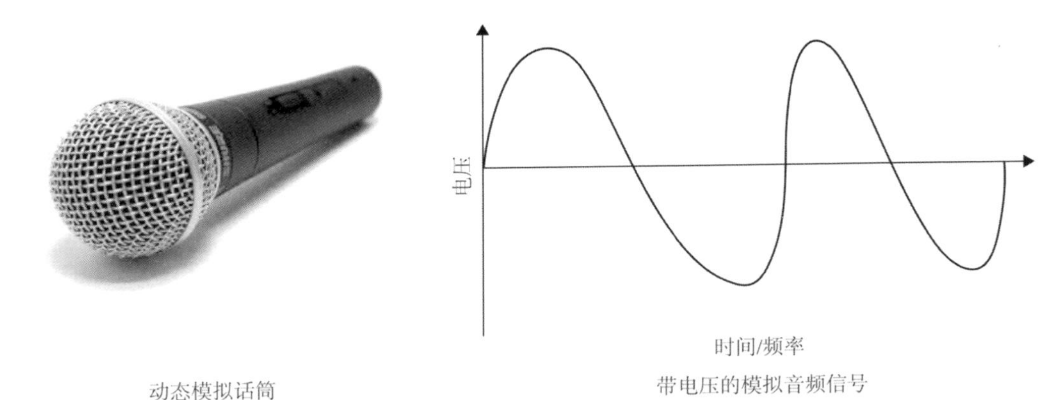

图 2.3 模拟传感器示例：动态模拟话筒及其输出的模拟信号

数字传感器将一种形式的输入能量转换为数字电信号，如图 2.4 所示。事实上，数字传感器最初读取的也是模拟信号，但在进一步传输之前，使用内置在传感器中的模数转换器电路将模拟信号转换为了数字形式。例如，数字温度传感器输出与测量的输入温度成比例的数字信号。数字信号以二进制数的形式传输输入信号的比值。

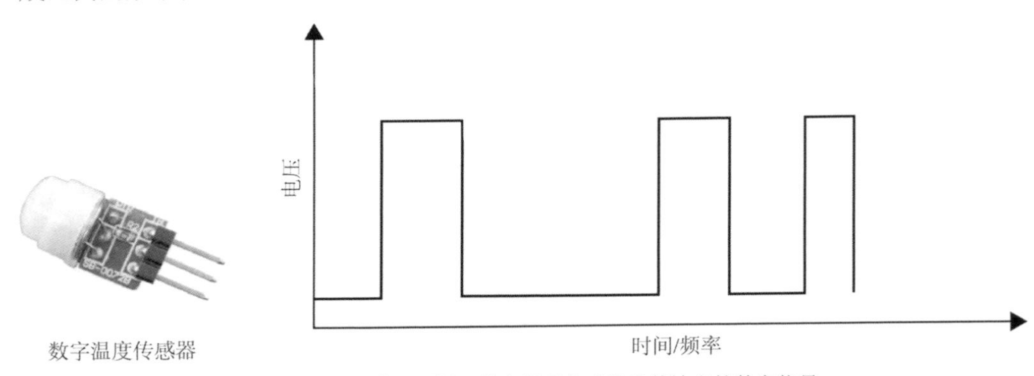

图 2.4 数字传感器示例：数字温度传感器及其输出的数字信号

除非另有明确说明，本书一般仅假设使用数字传感器，因为数字传感器具有明显的优势，不过这部分内容超出了本书范围，不再详细介绍。

传感器可进一步分为以下几类：

- 无源传感器
- 有源传感器

无源传感器仅获取与输入能量成比例的信号，而有源传感器不仅可获取信号，还可调节信号。信号调节(Signal Conditioning)包括放大或衰减信号，以及在给定频率范围内限制信号使用的频带。大多数物联网应用场景广泛使用有源传感器。

特定的物联网应用场景使用以下两种类型的有源传感器：

- 有线传感器
- 无线传感器

有线传感器获取数据，并通过导线将电信号传输至处理单元或存储器，以供进一步使用。无线传感器像有线传感器一样获取数据，但能够使用某种形式的无线技术将数据传输到云端进一步处理。接下来的部分将详细讨论无线传感器网络 (Wireless Sensor Network，WSN)。

网络

网络指一组相互连接的设备。这些设备(如计算机)相互连接以交换数据。根据拓扑结构，计算机网络可分为以下基本类型：

- 局域网(Local Area Network，LAN)
- 无线局域网(Wireless LAN，WLAN)
- 广域网(Wide Area Network，WAN)

虽然关于计算机网络的书籍有很多，但本书的重点是理解和使用物联网应用的网络。

在局域网中，计算机或设备连接的范围是有限的，如家庭、办公室、商业实体、综合体、学校或者大学校园。如图 2.5 所示，设备与以太网电缆等电缆互连，用于数据交换。

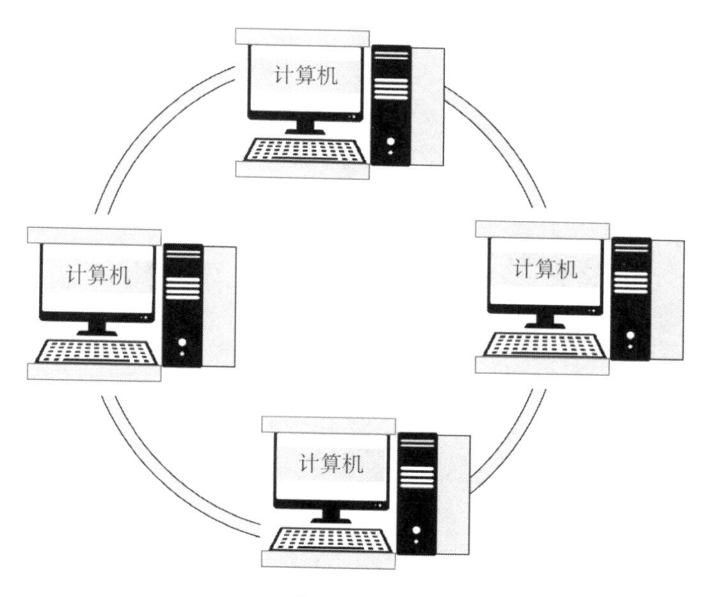

图 2.5　局域网

在 WLAN 中，这些设备就像在 LAN 中一样相互连接，但是是无线的。设备使用某种无线协议通过无线路由器相互连接，如图 2.6 所示。

图 2.6　无线局域网

与 LAN 不同，WAN 中的设备或设备网络使用电信网络跨地理位置连接，如图 2.7 所示。

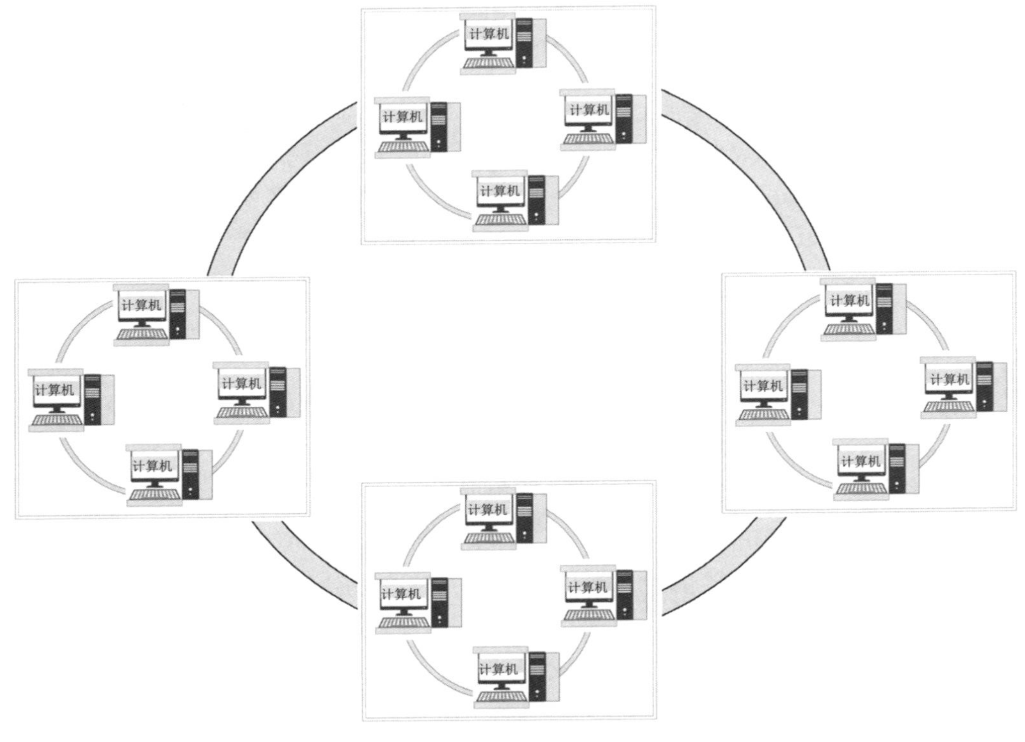

图 2.7　广域网

无线传感器网络

无线传感器网络是物联网系统的主干。无线传感器网络指由传感器和无线发射器组成的嵌入式设备网络，用于获取数据并传输到远程物理位置。这些无线传感器是预配置的或能够自配置的设备，用于获取温度、压力、湿度、振动等参数的数据，然后将数据传输到云服务器。这些自配置网络通常无基础架构，这意味着这些网络是临时连接的，不需要特定的基础架构连接。无线传感器称为传感器节点(Sensor Node)，通常分散在需要获取数据的区域中，如图 2.8 所示。传感器通过无线方式连接到基站。基站汇集数据并通过网络通信。

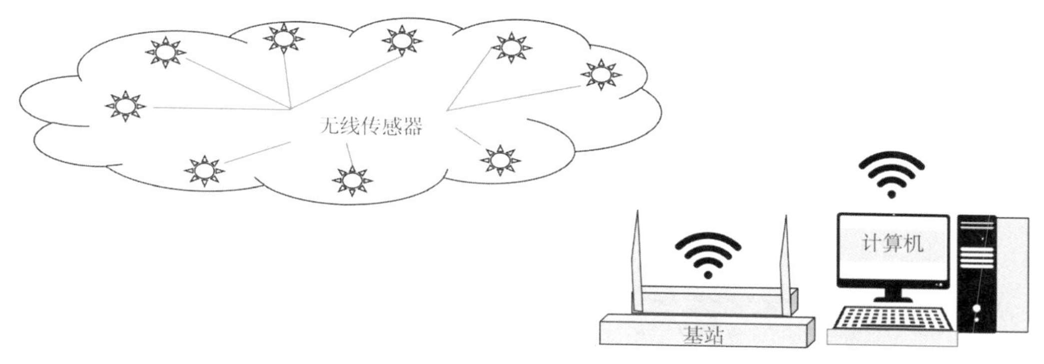

图 2.8　无线传感器网络

云计算基础架构

云计算基础架构指支持云计算的计算需求的硬件和软件组件，如服务器、存储、网络、虚拟化软件、服务和管理工具。

- 硬件：服务器、存储、无线和局域网
- 软件：虚拟化软件、服务和管理工具

云服务所需的服务器通常是具有巨大存储容量的多核服务器。数据存储通常使用固态驱动器或者硬盘驱动器。服务器和存储单元使用网络设备(如路由器和交换机)联网。

虚拟化软件允许一台计算机或服务器承载多个操作系统(Operating System，OS)，又称虚拟机管理程序(Hypervisor)。虚拟机管理程序也称为虚拟机监测器(Virtual Machine Monitor)，因为虚拟机管理程序创建并监测虚拟机。虚拟机管理程序是硬件和多个操作系统之间的中间层，如图 2.9 所示。

商用虚拟机管理程序的示例有 VMWare(来自 Dell)和 Hyper-V (来自 Microsoft)。虚拟机管理程序安装在服务器上，用于管理具有单个操作系统的多个虚拟机。有两种可用的虚拟机管理程序，分别是：

- 类型 1 虚拟机管理程序
- 类型 2 虚拟机管理程序

类型 1 虚拟机管理程序直接在系统硬件(也称为裸机虚拟机管理程序)上运行，而类型 2 则在承载虚拟化服务的主机操作系统上运行。

(译者注：有关虚拟化技术的相关细节，请参考《CISSP 信息系统安全专家认证

All-in-One》(第 9 版)和《CCSP 云计算安全专家认证 All-in-One》(第 3 版)的相关章节。)

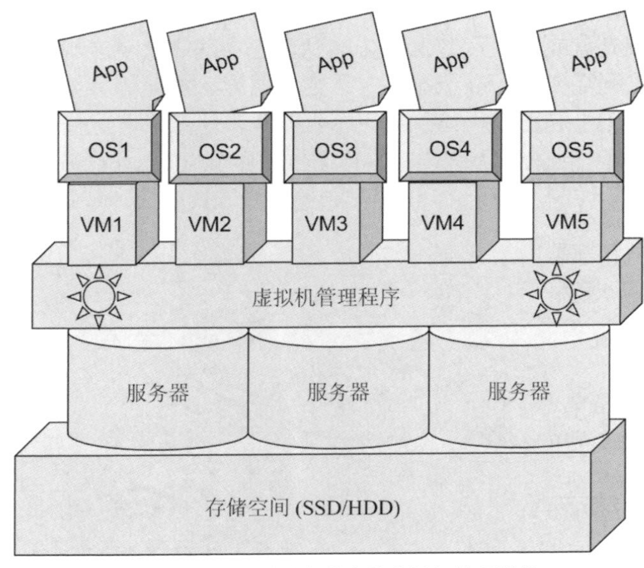

图 2.9　云计算基础架构中的虚拟机管理程序

联网机器

使用各种互连技术(如 ZigBee、射频识别、蓝牙、Wi-Fi 或 GSM 网络)连接各种计算设备的概念被称为联网机器。这些相互连接的机器通常是智能机器，具有机器学习能力，能够帮助机器变得更加智能。通常，联网机器通过连接传感器网络的物联网中心连接到云服务器。连接的机器往往用于需要根据数据分析和处理结果运行的实时应用。例如，在一家具有 15 个装配站的制造厂中，每个装配站的功能取决于前一装配站的结果。联网机器就是为此类应用场景量身定制的。类似的联网机器在实时物流管理、实时供应链管理或繁忙机场的乘客管理系统中发挥着重要作用。

基础架构软件

基础架构软件，又称中间件(Middleware)，有助于管理由各种硬件和软件组成的大型网络工程。以下是基础架构软件的常见功能：

- 持续监测应用程序软件
- 负载均衡
- 存储管理
- 安全/防火墙管理

在大型网络中，多台计算机相互连接，每台计算机都运行着自己的应用程序软件。中间件是应用程序软件和操作系统之间的隐藏翻译层，通过自身的 API 调用管理各种应用程序的通信和数据管理。

负载均衡是通过网络分配工作负载的活动，通过中间件实现。有两类负载均衡设备，分别是第 4 层和第 7 层负载均衡设备。在第 4 层负载均衡设备中，传输层数据是均衡的，而在第 7 层负载均衡设备中，应用层数据是均衡的。

存储管理即计算机管理系统内存。在运算期间，通常通过各种存储设备 (如硬盘驱动器、硅存储设备或光盘或磁盘)处理数据。中间件可通过各种设备管理存储。

防火墙可保护网络免受恶意软件攻击，为网络或系统提供安全保护。防火墙是为网络提供实时安全能力的基础架构软件的一部分，实现了系统和数据安全的防护。

网络和物联网自动化软件

网络和物联网自动化软件允许连接扩展网络并使用物联网基础架构，可自动设置、配置、管理、测试和部署网络和物联网设备。网络自动化软件具有以下优点：

- 以最少的手动工作量提高网络流量效率
- 为网络提供弹性
- 通过在网络上自动测试设备来保证质量
- 提供网络配置管理

Ansible 是一种免费的开源工具，可用于网络自动化。

2.2.2　应用程序平面

应用程序平面是承载物联网系统中的应用程序和服务的平台。应用程序通过 API 调用或命令行方式与基础架构组件交互。

以下是应用程序平面的组件：

- 数据系统
- 价值链分析应用程序
- 工作流的自动化

本书将在专门的章节介绍数据系统设计和分析的细节。第 3 章将介绍基础架构和应用程序生命周期自动化。

2.3　物联网技术和协议

尽管物联网并没有专门的技术和协议，但总体而言，现有网络技术的任何协议都可用于物联网应用程序。很多技术都可用于物联网，下面列出实现物联网系统的最基本的技术和协议：

- RFID
- 蓝牙
- ZigBee 协议
- NFC
- Wi-Fi
- Wi-Fi 直连
- 蜂窝单元

- Z-Wave
- LoRaWAN

下面简要讨论以上技术的物联网系统应用场景。

RFID

RFID 也许是实现物联网系统最常用的技术。在超市里，如果有顾客不小心将未付款的商品带出商店，门口就会响起一声响亮的警报声。为什么会这样呢？超市是如何确定袋子中的一个或多个物品没有付款呢？答案是使用商品使用了 RFID 标签，这要归功于 RFID 技术。那么，什么是 RFID？

RFID (Radio Frequency IDentification，射频识别)，指将无线电波用于传输数据，这是一种无创、非接触的数据传输方法。读取器电路产生无线电波，以读取 RFID 标签上的数据。RFID 标签嵌入在小按钮或卡片中(卡片的大小类似于信用卡，甚至更小)，标签中具有微芯片和集成天线。微芯片由一个微型无线电转发器组成，该转发器包括无线电接收器和发射器。RFID 标签包含与条形码标签类似的简要信息。RFID 标签也称智能标签。条形码标签只能在条形码与读取器都在视线内时才能读取，而由于无线电波的性质，RFID 标签不需要在视线内就能读取。图 2.10 显示了 RFID 标签和读卡器(有时被称为 RFID 询问器)。

RFID 标签是如何工作的？RFID 阅读器或 RFID 询问器发出名为询问脉冲(Interrogation Pulse)的射频信号，读卡器天线(通常是图 2.10 所示的环形天线)截获射频信号或无线电脉冲，然后 RFID 标签中的微型芯片将带有标签信息(如序列号)的无线电信号发回。RFID 阅读器接收无线电信号并将其转换为更具可读性的形式(如二进制数)。读卡器与计算机或控制器连接，计算机或控制器解释数据，并在需要时做出进一步的决定。

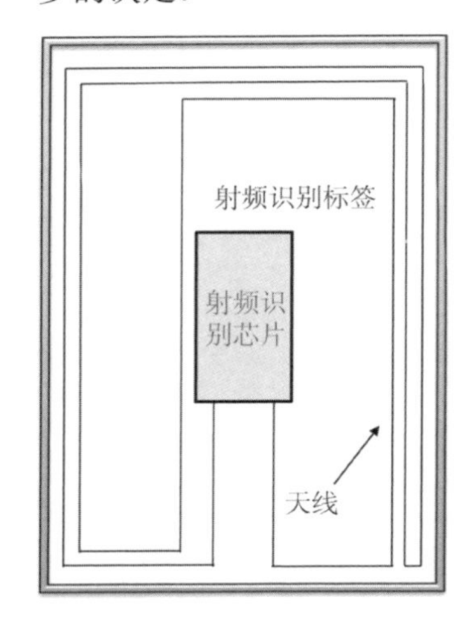

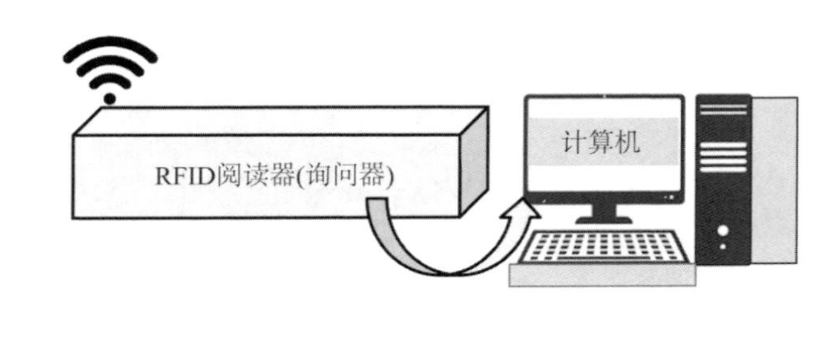

图 2.10 RFID 标签和读卡器

RFID 标签有无源和有源两种类型。无源 RFID 标签中没有任何电源(如电池)工作，而是使用来自读卡设备的能量。读卡器将发出可由 RFID 标签截获的电磁能。由于没有电池或电源，无源 RFID 标签非常薄，可实现微小的尺寸。用于开关车门的卡片就是被动 RFID 标签。由于没有电能，无源 RFID 标签从截获的电磁脉冲中产生的能量很小，因此，无源 RFID 标签只能在距离阅读器不到一英尺的地方工作，但响应速度非常快，价格也相对便宜(可能在 50 美分左右)。有源 RFID 标签需要配备电池，因此，可在更大的范围内工作。与被动 RFID 标签不同，主动 RFID 标签不断发出“啁啾”信号(一种以固定间隔发出的短而尖锐的脉冲)，RFID 阅读器可截获这一信息。

RFID 在低频、高频和超高频使用不同的频率范围。RFID 信号的范围根据功率(有源 RFID 标签)和频率变化，当然，成本也会相应不同。

RFID 标签在物联网应用场景中广受欢迎，可用于连接任何未连接的设备。通过附加 RFID 标签，即使是木制桌子也可连接起来，这就是物联网的秘密！

RFID 标签可用于很多场景，包括但不限于：

- 资产跟踪
- 库存管理
- 追踪任何东西：宠物、动物、儿童等
- 存取控制
- 身份证件
- 超市里的物品安全
- 供应链管理
- 非接触式信用卡/借记卡

关于 RFID 标签有大量的阅读材料，安全专家可参考这些材料获取更多信息和知识。从网上商店购买 RFID 标签也非常方便。

蓝牙

蓝牙是一种短距离无线通信协议，广泛运用于物联网系统之中。蓝牙使用 2.4GHz 无线链路传输和接收数字信号。蓝牙协议规范由蓝牙技术联盟(Bluetooth Special Interest Group，SIG，见网址 2.1)定义、定期更新和增强。事实上，蓝牙这个名字来源于蓝牙技术联盟的网站名称。IEEE 802.15.1 是针对蓝牙的 IEEE 标准，但 IEEE 不再维护该标准，而是由蓝牙技术联盟维护。

蓝牙主要用于个人局域网(Personal Area Network，PAN)通信，如智能手机和耳机之间的通信，或个人计算机(PC)和智能手机之间的通信。蓝牙可在全双工模式(可同时发送和接收数据)或半双工模式(一次只可执行发送或接收中的一项)下工作。通常，蓝牙传输的距离限制在 100m 以内，但具体限制取决于信号功率。

蓝牙网络通常指微微网(Piconet)。蓝牙技术使用主/从模式，通过无线微微网通信。微微网一般有 1 台主设备和最多 7 台从设备，如图 2.11 所示。

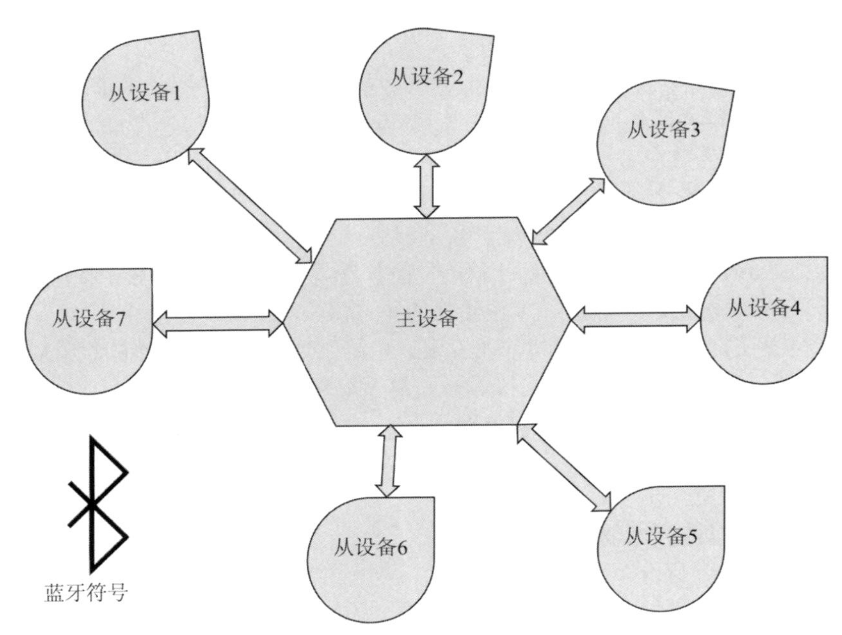

图 2.11　带有 1 台主设备和 7 台从设备的微微网

主设备通过微微网协调整个通信，并可对任何从设备发送和接收数据。从设备只能向主设备发送数据或从主设备接收数据，即从设备不能直接与微微网内的另一台从设备通信。蓝牙通信的距离取决于信号功率，从 10m 到 150m 不等。根据最大输出功率，蓝牙设备分为三个级别，如表 2.1 所示。输出功率越高，覆盖的信号范围越大。

表 2.1　蓝牙设备分类

级别	最大输出功率/dBm	最大输出功率/mW	最大距离/m
1	20	100	100
2	1	2.5	10
3	0	1	0.1

蓝牙协议广泛运用于物联网可穿戴设备之中。多个传感器和执行器可使用微微网拓扑连接到无线传感器网络中。蓝牙协议最近增加了蓝牙低功耗(Bluetooth Low Energy，BLE)协议，也称作物联网应用场景量身定制的智能蓝牙，能提供与蓝牙相似的距离，但功耗非常低。

每台蓝牙设备都有一个唯一的 48 位地址，用 12 位十六进制值表示，称为 BD，如图 2.12 所示。在这 48 位中，前 24 位表示组织唯一标识(Organization Unique Identifier，OUI)，其余 24 位表示设备唯一地址。设备制造商为每台设备分配了一个唯一标识(OUI)。例如，OUI 的前缀 00:02:B3H 代表英特尔公司，00:03:93H 代表苹果公司，88:C6:26H 代表罗技公司。OUI 的前缀由 IEEE 分配给各公司。

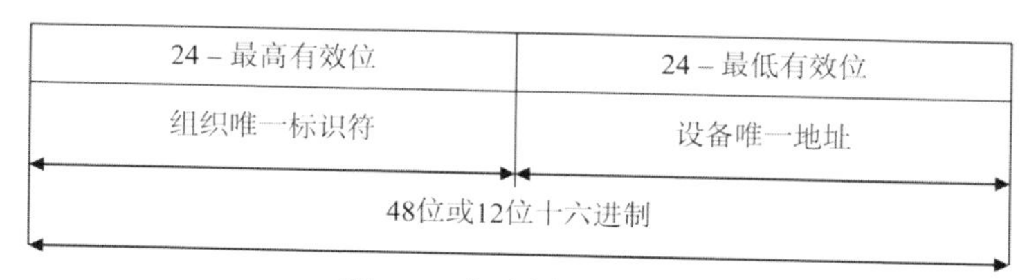

图 2.12　蓝牙地址(BD)格式

在两台设备之间建立蓝牙连接需要如下步骤：

(1) 查询。

(2) 呼叫。

(3) 连接。

查询是在两个蓝牙设备之间建立连接的第一步。一台设备通过无线链路发送查询请求。附近任何接收设备都可能截获查询请求信号，该信号将通过发送其地址和名称信息响应与识别设备。第二步是呼叫，与网络中的另一台设备建立连接。呼叫后，设备与另一设备建立连接并传输数据，这一过程称为配对(Pair)。通常，蓝牙设备首次与另一台蓝牙设备配对需要通过身份验证流程。

当蓝牙设备连接到另一台设备时，可处于以下任一模式：

- 主动模式(Active Mode)：这是常规连接模式，其中两台设备已经建立了连接，并且可相互传输数据
- 嗅探模式(Sniff Mode)：这是一种省电模式，设备将在每到给定时间时激活一次(如 100ms 一次)
- 保持模式(Hold Mode)：保持模式是一种临时睡眠模式，设备在规定的时间内进入睡眠模式，如 100ms。100ms 后，设备将自动激活
- 休眠模式(Park Mode)：在休眠模式下，设备进入并保持睡眠模式，直到接收到来自主机的唤醒呼叫

两台设备配对后，一台设备的名称和地址存储在另一台设备的内存中，反之亦然。如果任何一台设备移动到连接范围之外，二者将互相断开。一旦这两台设备出现在连接范围内，就将自动连接，因为每台蓝牙设备在通电时都会保持轮询，并准备与另一台设备建立连接。例如，如果蓝牙耳机与手机配对过一次，那么每次打开耳机电源并靠近手机时，耳机都会自动连接到手机。类似，一旦手机与车内的信息娱乐设备配对成功，每次手机靠近信息娱乐设备时，二者都会自动连接。蓝牙的典型数据传输速率为 1~3 Mb/s。

蓝牙低功耗协议广泛运用于物联网可穿戴场景。

物联网应用场景中使用蓝牙设备的示例如下：

- 智能电表
- 智能音箱
- 条形音箱
- 可穿戴安全设备
- 蓝牙传感器用于温度、压力、湿度等

市面上有多种蓝牙传感器和执行器可用于物联网应用场景。在无线传感器网络中使用蓝牙传感器非常有利，因为除了在主从模式下操作外，蓝牙还可轻松配置和配对传感器，这一点非常适用于物联网应用场景。

ZigBee 协议

ZigBee 是一种低功耗、低成本的短程无线技术协议，作为个人区域网络的开放式全球标准而研发。ZigBee 协议在前两层使用 IEEE 802.15.4 标准。ZigBee 可用于物联网应用场景以构建无线传感器，是最适合电池供电、低功率电子设备的无线技术协议。ZigBee 使用 ISM 频段的 2.4GHz 的工业、科学和医学频段。使用这个微波频段不需要经过许可，这意味着 ZigBee 不需要任何无线电许可证就可运行。虽然 ZigBee 是由 IEEE 以 802.15.4 标准引入的，但 ZigBee 联盟可提供 ZigBee 认证。ZigBee 基金会(见网址 2.2)为物联网研发开放的、全球性的无线设备到设备通信标准。ZigBee 与其他无线协议的比较如表 2.2 所示。

表 2.2　ZigBee 与其他无线协议的比较

指标	蓝牙	ZigBee 协议	Wi-Fi
数据传输速率	1Mb/s	250kb/s	11Mb/s
支持的设备数量（节点/网络)	7	240	32
范围/m	1~10+	1~75+	1~100+
入网时间	8~10s	20~25ms	1~5s

ZigBee 的最大优势在于，ZigBee 是在可自愈的全网状网络上创建的。如果网络上存在任何问题，如宕机或故障，只需通过自动化算法，无须人工干预，故障就可得到修复。网状网络是一种本地网络拓扑，其中，每个节点的基础架构都以无线方式连接到每个其他节点以传输数据。此功能使得 ZigBee 成为物联网应用场景的优先选项。

另一个优势是互操作性(Interoperability)。制造商 A 提供的支持 ZigBee 的电子设备和制造商 B 提供的支持 ZigBee 的交换机，由于这两个设备都使用通用语言，因此可轻松集成在一起工作。可以看到，ZigBee 是创建物联网智能家居、智能工业控制和智能医疗建筑的最佳选择之一。

ZigBee 也是安全的网络。支持高级加密标准(Advanced Encryption Standard，AES)加密算法加密数据，且可实现身份验证。

ZigBee 与其他类似技术的结合帮助其成为物联网应用场景中较优的选择。

ZigBee 协议中的各层如图 2.13 所示。ZigBee 规范中定义了应用层和网络层，而物理层和 MAC 层则遵从 IEEE 802.15.4 标准。

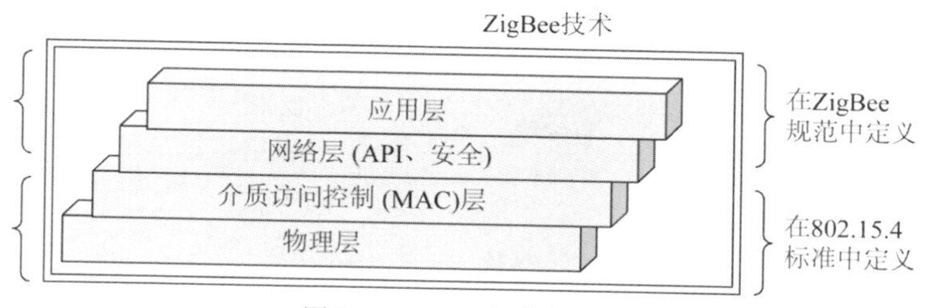

图 2.13 ZigBee 网络的各层

典型的 ZigBee 网格由以下三种不同类型的设备组成，如图 2.14 所示。

- ZigBee 协调器(ZigBee Coordinator)
- ZigBee 路由器(ZigBee Router)
- ZigBee 终端设备(ZigBee End Device)

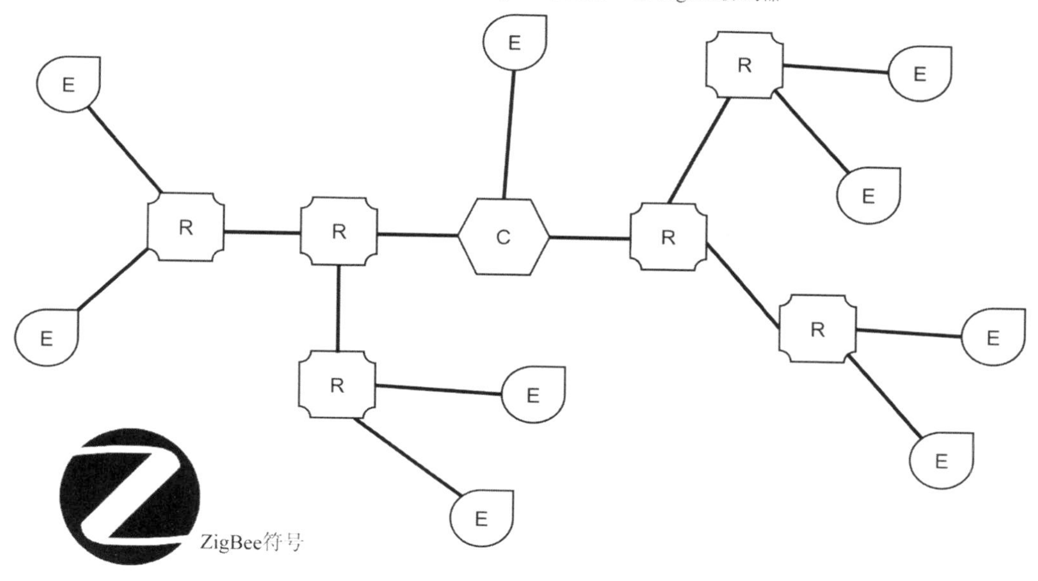

图 2.14 具有终端、路由器和一个协调器的典型 ZigBee 网状网络

ZigBee 协调器构成网络的根，完成所有协调工作，如设置网络、管理网络节点以及在节点之间路由消息。

ZigBee 路由器在网络的不同节点之间路由消息，在 ZigBee 中也称为全功能设备(Full Function Device，FFD)。

ZigBee 终端设备基本服从指令，不直接与其他终端设备通话，也称为缩减功能装置(Reduced Function Device，RFD)。未激活时，终端设备将处于睡眠模式以节省电池电量。协调器通过路由器将数据发送到终端设备。路由器保存数据，直到终端设备被唤醒并准备接收数据。

ZigBee 的物联网应用场景常见于以下领域：

- 家庭自动化
- 智慧城市
- 工业控制系统
- 医疗遥测
- 石油和天然气工厂自动化，需要数千个传感器
- 海港自动化
- 机场自动化

各种 ZigBee 模块可在线从不同供应商处购买，如图 2.15 所示。ZigBee 模块的现货购买成本低至 10 美元且可将各种传感器连接到 ZigBee 模块，组成无线传感器网络。

图 2.15　商用 ZigBee 模块示例(图片提供：各制造商)

NFC

NFC 表示近场通信(Near Field Communication)，是两个电子设备在 4cm 或更短的距离内通信的无线技术协议。根据 NFC 论坛(见网址 2.3)，NFC 与数以亿计部署于世界各地的无接触卡片和读卡器兼容。

NFC 是一种基于射频(Radio Frequency，RF)感应的非接触式通信(见图 2.16)，使用 13.56MHz 的基频。NFC 通过接触方式在两台设备之间交换数据。在 NFC 工作中，两台设备都应配备 NFC 芯片。

仅当 NFC 设备和 NFC 标签的距离小于或等于 4cm 时，通信才会建立。

NFC 设备和 NFC 标签之间的通信遵循以下步骤：

(1) NFC 设备通过射频感应将电能无线传输至 NFC 标签。NFC 标签本身不需要任何电池电源，标签内的 NFC 芯片通过获取 NFC 设备传输的电能工作。NFC 技术也可用于无线充电，但最大功率仅为 1W。

(2) NFC 设备发送射频信号，这称为信号调制(Signal Modulation)。

(3) NFC 标签上的 NFC 芯片解读调制的信号，并将该信号与存储的信息一起发回。该信号称为负载调制(Load Modulation)。

(4) NFC 设备将从 NFC 标签读取的数据作为负载调制信号处理。

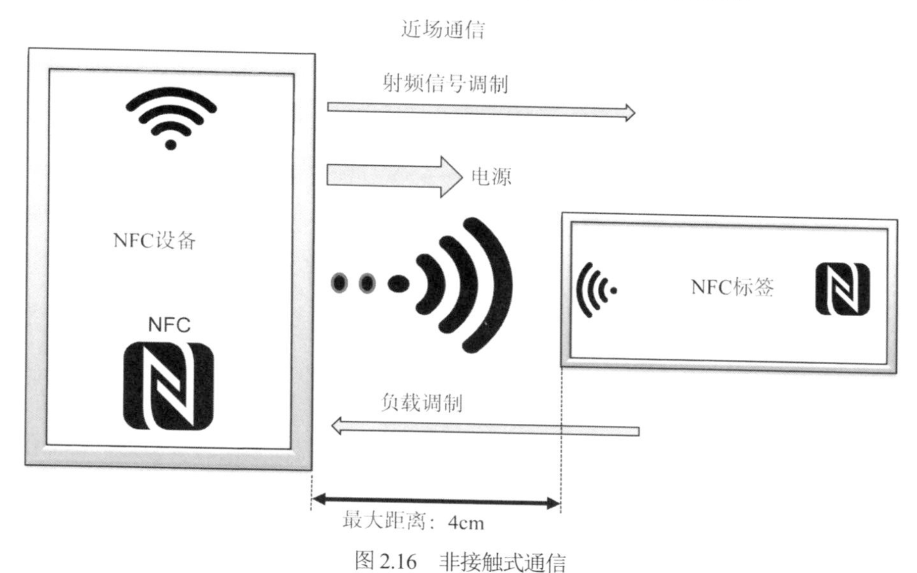

图 2.16　非接触式通信

一旦 NFC 标签从 NFC 设备移开，由于不再收到电源，NFC 标签将自动关闭。NFC 通信距离小于或等于 4cm，因此通信非常安全，入侵方无法截获信号。

NFC 论坛创建了一套标准和规范，允许符合 NFC 论坛标准和规范的设备与其他设备协议通信。NFC 能够与以下设备通信：

- 符合 ISO/IEC 14443 A 型标准的读卡器和卡片
- 符合 ISO/IEC 14443 B 型标准的读卡器和卡片
- 符合 ISO/IEC 15693 标准的卡片
- 符合 ISO/IEC 18092 标准的设备
- 符合 JIS-X 6319-4 标准的读卡器和卡片
- NFC 论坛标签
- 其他 NFC 论坛设备

现在，大多数手机都使用 NFC，可在手机中实现 NFC 标签非接触式通信。NFC 标签可用于多个物联网应用场景。可用于物联网应用场景的 NFC 芯片组和 NFC 传感器已经实现大规模商业化。

Wi-Fi

Wi-Fi 表示无线保真度(Wireless Fidelity)，是物联网设备最流行的无线通信协议(见图 2.17)。在家庭和办公室，笔记本计算机、打印机、照相机和移动电话都使用 Wi-Fi 协议连接到局域网和互联网。

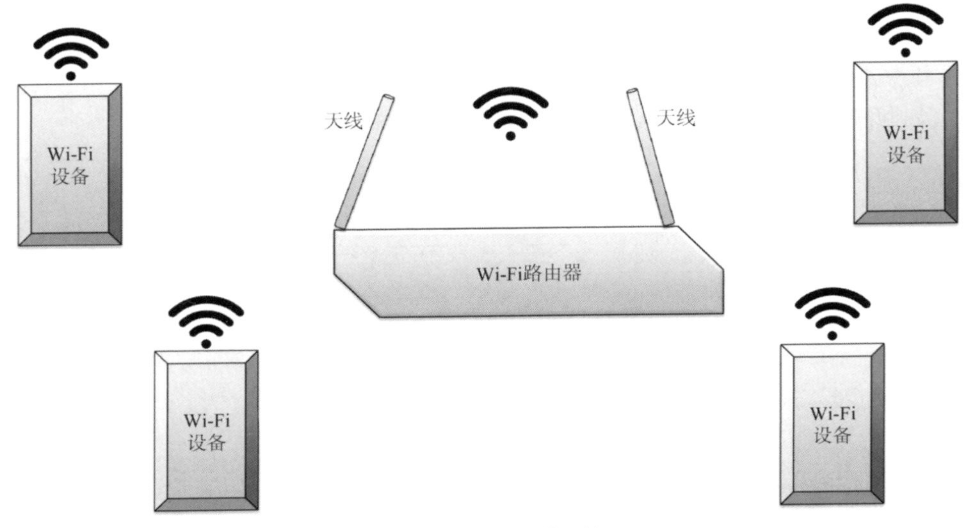

图 2.17　Wi-Fi 无线网络

Wi-Fi 协议基于 IEEE 802.11 标准，这些标准以不同的频率运行，并提供不同的数据传输速率，如表 2.3 所示。

表 2.3　Wi-Fi IEEE 802.11 协议标准族及数据传输速率

协议标准	最大数据传输速率($Mb \cdot s^{-1}$)	无线载波频率/ GHz
802.11a	54	5
802.11b	11	2.4
802.11g	54	2.4
802.11n	100	2.4/2.5

通常，无线或 Wi-Fi 路由器(也称为无线接入点， Wireless Access Point)通过电缆连接到调制解调器。调制解调器与电话线或专用光纤电缆连接，以完成互联网接入。一旦任何与 Wi-Fi 兼容的设备 (如手机)与 Wi-Fi 路由器建立无线连接，该设备就可访问互联网。Wi-Fi 路由器可通过内置天线与其他设备通信。

在 2.4GHz 频段上工作的 Wi-Fi 信号的最大范围通常为室内 150 英尺，室外 280~300 英尺。在 5GHz 频段下，范围通常会减少到 2.4GHz 范围的三分之一。虽然信号为射频信号，可穿透墙壁，但由于墙壁等障碍物造成的信号衰减，接收器处的信号强度通常会降低。

如果传感器或执行器启用了 Wi-Fi，则物联网的无线传感器网络可以通过 Wi-Fi 联网。

有许多支持 Wi-Fi 的传感器可用于物联网应用场景。主流传感器包括：

- 接近传感器
- 水探测器(用于检测泄漏)
- 天气传感器
- 液位传感器
- 气体泄漏探测器
- 温度/湿度传感器

物联网中的 Wi-Fi 传感器通常用于家庭自动化、智能城市应用场景、遥测应用场景等。

通常，与其他无线传感器相比，Wi-Fi 传感器耗电量相当大，但 Wi-Fi 协议的数据传输速率和传输范围都很大。

Wi-Fi 直连(Wi-Fi Direct)

Wi-Fi 直连是一种无线技术，用于将两台无线设备直接点对点(Peer-to-peer，P2P)连接起来传输数据，无须无线路由器或接入点。两台 Wi-Fi 直连兼容的设备可建立直接 P2P 连接而无须加入无线网络。Wi-Fi 直连支持高达 250 Mbps 的 Wi-Fi 数据传输速度。

两台 Wi-Fi 直连设备之间的实际数据吞吐量取决于所采用的协议，如 802.11a、g 或 n，当然，还取决于两台设备之间的物理环境。有些商用 P2P 传感器可用于物联网应用场景。更多详细信息，请参阅本书 P2P 智能设备网络参考部分引用的 IEEE 论文。

蜂窝通信单元

需要远距离通信的物联网应用场景可使用蜂窝技术(如图 2.18 所示)。最常用的蜂窝技术是 GSM/3G/4G/5G。使用蜂窝通信模式将允许高速交换大量数据。例如，在监视中使用可穿戴相机的应用场景需要以更高的数据传输速率传输更多的数据(视频帧)。对于这种物联网应用场景，蜂窝通信显然效果更好。

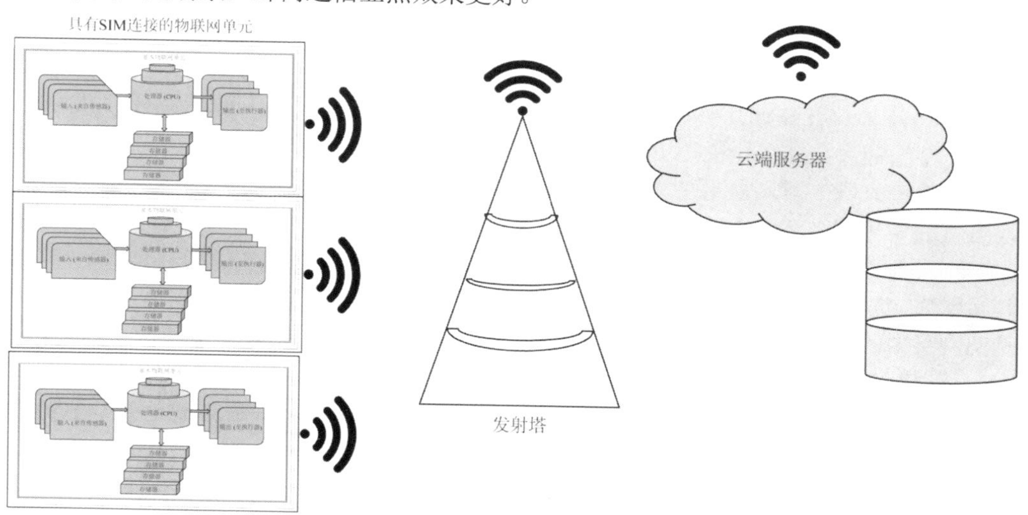

图 2.18　用于物联网应用场景的蜂窝无线传感器网络

传感器将配备 SIM 卡和收发器芯片，与最近的基站建立连接。这些传感器需要较大的功率以传输数据。使用蜂窝通信单元连接的传感器在市场上几乎可在任何应用场景中组成无线传感器网络。这些传感器应用于家庭自动化、智能城市、交通管理、石油和天然气工厂等。遥测应用场景使用支持蜂窝的传感器，将数据传输到云服务器以供进一步处理。

蜂窝通信技术本身非常庞大，而且有大量的书籍和文献可供查阅，本书不介绍 Wi-Fi 的技术或协议细节。

Z-wave

Z-wave 协议是一种无线低带宽半双工协议，主要在智能家居物联网应用场景中使用的低成本控制网络中以射频方式运行(见图 2.19)。

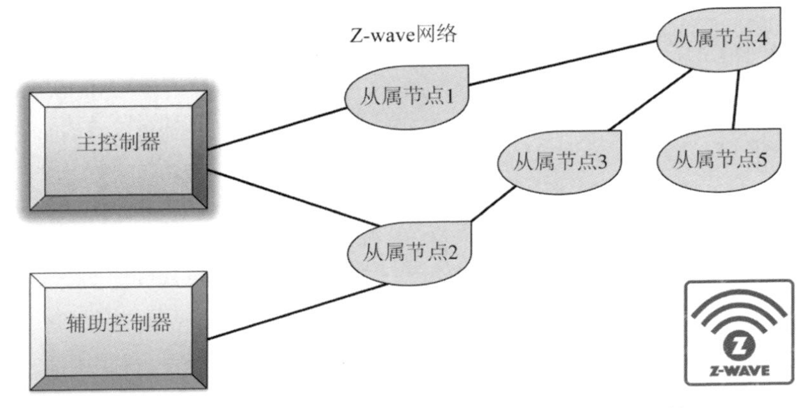

图 2.19　具有一个主控制器和一个辅助控制器的 Z-wave 网络

Z-wave 协议支持全网状网络拓扑，允许网络中的多台设备同时相互通信。Z-Wave 协议由西格玛设计公司研发。虽然 Z-wave 协议的开源栈(Open-Z-wave)是可用的，但不支持安全层套接字。Z-wave 协议的 MAC 层和 PHY 层在 ITU–T G.9959 标准中定义。

Z-wave 协议在欧洲支持 868.42 MHz 的射频频率，在美国支持 908.42 MHz 的射频频率。支持的最大数据吞吐量为 100 kb/s，网状网络中最多连接 232 个节点。Z-wave 协议不用于传输大量数据，因此通常不用于流式或时间关键型实时数据应用场景。Z-wave 协议支持的距离范围在室内约 30m，室外近 100m，适用于物联网应用场景。

Z-wave 协议支持两种设备，分别是控制设备和从设备。换句话说，Z-wave 协议在全网状网络中以主从模式工作。网络中有一个主控制器，可有多个辅助控制器。控制设备是向网络中的另一节点发送控制和命令指令的主设备。从属节点接受控制并执行命令指令。从属节点还可将命令转发给网络中的其他从属节点，辅助控制器能够与其他节点建立通信，否则这些节点无法通过射频通信访问。Z-wave 的这一特点使得该协议在物联网中起到很大作用。

Z-wave 网络协议由以下四层组成：

- 应用层

- 路由或网络层
- 转移或传输层
- MAC 层

MAC 层是控制 RF 介质的最底层。转移或传输层控制数据帧的传输和接收，路由或网络层决定数据帧路由。顶部的应用层控制传输和接收的数据帧中的有效数据。

安全专家们可参考网址 2.4，以了解适合在各种物联网应用场景程序使用 Z-wave 技术的传感器。

LoRaWAN

LoRaWAN 是 Semtech 为物联网应用场景研发的低功耗广域网协议。LoRa 是长距离 (Long Range)的简称，是一种源自线性调频扩频技术的扩频调制技术。LoRa 提供远程射频通信和低功耗的安全数据传输，这一特点使得 LoRaWAN 协议非常适用于物联网及其应用。LoRa 使用 ISM 无线电频段，因此，使用该频段不需要任何许可。

LoRo 设备和开放式 LoRaWAN 协议为智能家居和智能城市应用提供了智能物联网应用场景。Semtech 的 LoRa 设备和 LoRaWAN 协议已积累了数百个智能城市、智能家居、智慧建筑、智能农业、智能计量、智能供应链及物流等应用场景案例。

2.4　将学到的知识运用到网联汽车案例

下面结合以上内容举例说明。图 2.20 是第 1 章介绍的网联汽车使用案例，将本章的学习所得运用到该案例中。

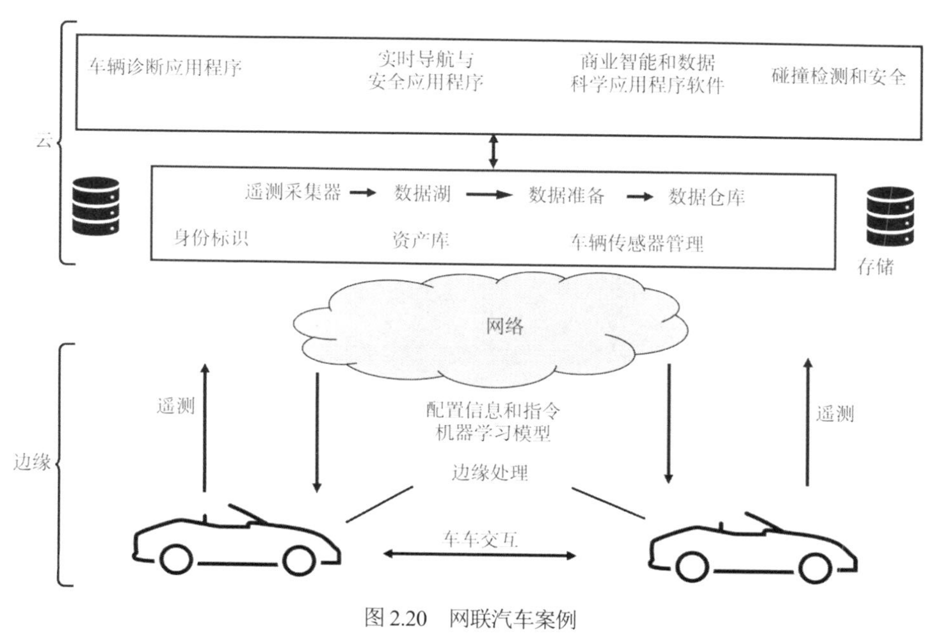

图 2.20　网联汽车案例

无线传感器网络安装在车辆上，以提取车辆的各种参数并存储在云端。所有传感器都是自动配置的，不需要任何初始化或配置。基础架构软件主导与云服务器之间的通信，收集传感器数据并保存到云服务器之上。

在网联汽车中，最广泛使用的传感器是接近传感器。接近传感器可在没有任何物理接触的情况下检测物体存在状态。如果在距离传感器的规定距离内检测到物体，传感器电路会产生一个电压脉冲，该电压脉冲可用于触发继电器或连接到控制电路，读取该信号以供进一步决策。

现阶段，感应式接近传感器已得到广泛使用。感应式接近传感器发射电磁场或电磁信号束，并检测返回信号的变化，传感器前面的物体在规定距离内反射该信号。感应式接近传感器及其波形如图 2.21 所示。

将接近传感器的点与检测到物体存在的点之间的距离定义为接近距离 D，以英尺为单位测量。此距离因传感器的类型和结构而异。一般来说，便宜的感应式接近传感器的接近距离 D 可达到 5 英尺。传感器的 D 值越高，价格越高。发射的信号强度决定了传感器能发射多远的电磁波。内置放大器用于扩大距离。从最小值到给定最大值的距离 D 可由用户在接近传感器中设定。

接近传感器在市场上型号和样式多种多样且价格便宜。有不同类型的接近传感器可检测光、声音或物体的存在，可用于各种物联网应用场景。

在网联汽车使用案例示例中，使用以下接近传感器：

- 感应式接近传感器，用于检测 5 英尺范围内是否存在物体
- 检测光线存在的光学接近传感器
- 检测声音存在的声学接近传感器

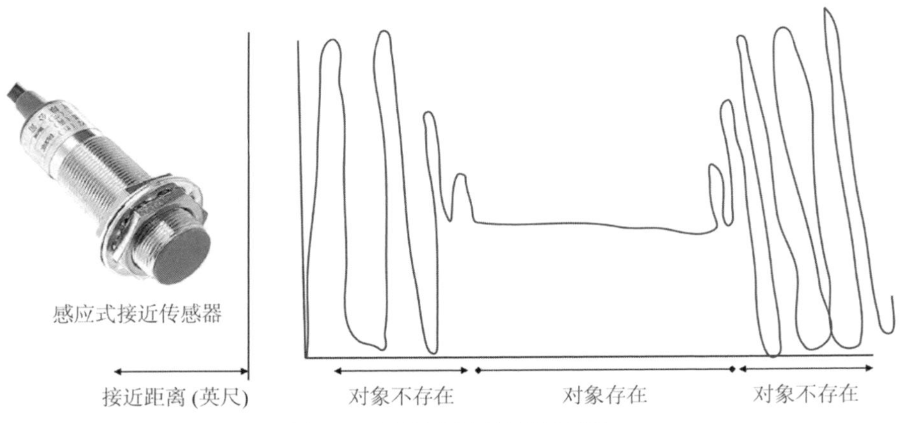

图 2.21　网联车辆中的接近传感器

感应式接近传感器使用 IP 表示，光学接近传感器使用 OP 表示，声学接近传感器使用 AP 表示。如图 2.22 所示，多个传感器连接在网络中，并在网联汽车中形成传感器网络。

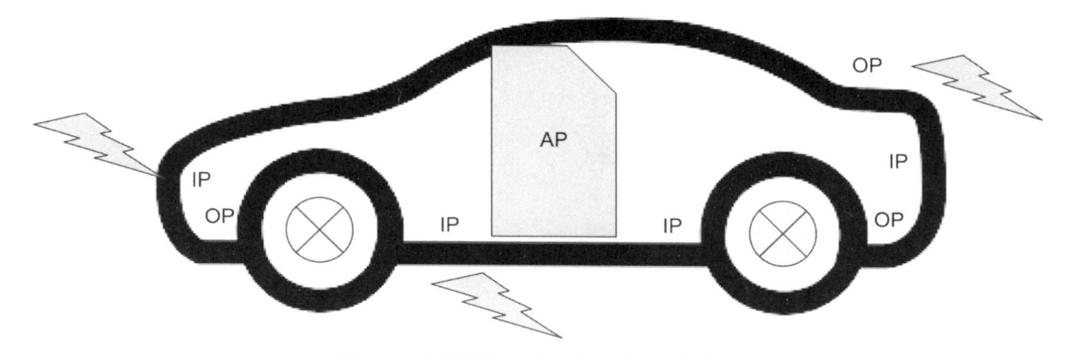

图 2.22　在网联汽车中安装各种接近传感器

大量的感应和光学接近传感器安装在车身上，有助于检测车辆周围是否存在物体。声学接近传感器可在停车时检测到接近车辆的人员。这些传感器检测物体的存在，并可与车内的中央处理器通信。这些信息要么在车上本地使用以做出决策，要么传输到云端。这些接近传感器有助于车辆在自动驾驶模式下运行，检测附近的物体、车辆、交通等。物联网在汽车上的应用场景几乎是无限的，任何需求都能够实现。一个简单的应用场景是，检测停放的汽车是否有入侵方。安装在汽车上的接近传感器经过编程可检测到任何入侵方，一旦检测到，监视摄像头将开始录制，拍照并发送到云端服务器。一旦入侵方接近车辆，接近传感器会检测并传送到中央处理器，以便采取进一步行动。

2.5　总结

本章介绍了基本的物联网单元以及如何将其应用于无线传感器网络。安全专家应了解物联网架构的详细组成以及物联网单元在基础架构平面和数据平面中的定位。本章介绍了物联网中使用的各种技术和协议，以及如何根据案例选择传感器和传感器网络所需的协议和类型。当然，成本也是决定因素之一。第 4 章将介绍网络架构。

第3章 联网机器

3.1 简介

当两台或多台(本地或远程的)机器通过某种方式互连时，就形成了联网机器。连接(Connectivity)的详细概念将在第 4 章讨论，但为了保证内容连贯，这里假设两台或多台机器通过以太网互连。

为了理解和领会联网机器应用场景的概念，考虑如图 3.1 所示的电子制造业生产线。

图 3.1　电子制造生产线

假设生产线通过 10 个岗位将原材料逐步转化为最终产品。这 10 个岗位通过开关互连。当且仅当岗位 1 的所有活动都完成后，岗位 2 的活动才会开始。岗位 1 的“完成”

信号将启动岗位 2 的活动。如果由于某些原因，岗位 1 的所有指定活动都不完整，那么岗位 2 将无法启动，因为岗位 2 将无法从岗位 1 接收到“完成”信号。同样的概念也适用于岗位 3、岗位 4 和岗位 5 等。换句话说，所有岗位都是联动的，一定不能跳过或绕过任何活动。这是一个电子制造业示例。这种联网机器的概念可扩展到任何物联网设备和系统。下面整理了一些适用于物联网的联网机器概念。

3.2 机器对机器

机器对机器(Machine-to-Machine，M2M)连接的概念最初是作为一种封闭的、点对点的物理对象通信来加速生产，用以提高质量和生产效率。如今，机器对机器是一个广义术语，涵盖了连接“机器”、设备或对象的多领域技术，这些技术允许以上对象交换信息并执行预定义的操作，无须人工交互或干预，以此实现多个操作的自动化。

换句话说，M2M 基本上是机器或设备与远程计算机之间的通信。连接的机器数量没有限制。M2M 取决于用于联网机器的协议。机器可以是本地的，也可以是远程的(见图 3.2)。

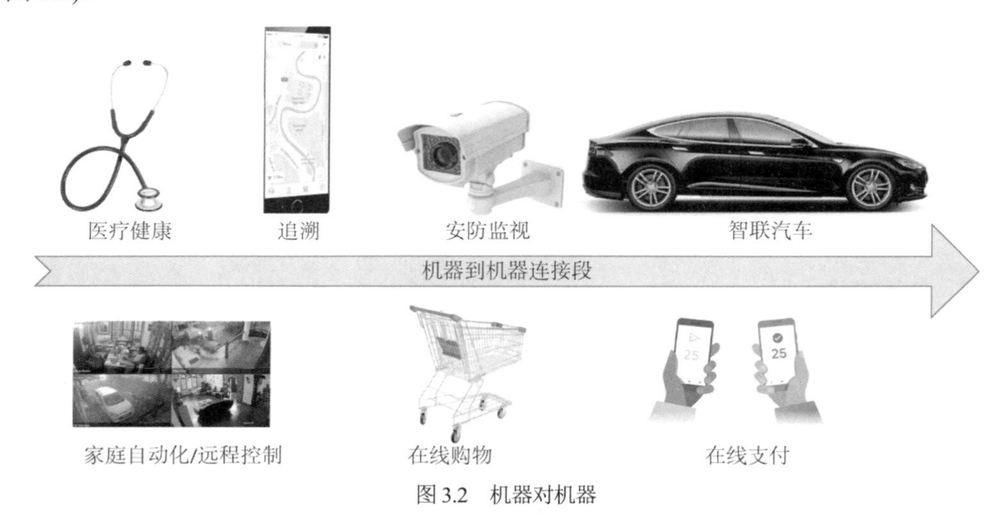

图 3.2 机器对机器

3.3 M2M 通信

最初，M2M 通信基于“遥测”(Telemetry)概念，由远程机器和传感器收集数据并将数据发送到中心节点分析。随着时间的推移，如今的 M2M 通信不再使用无线电信号，而是使用公共网络传输和接收数据，从而降低了整体成本。

无线传感器的应用是 M2M 通信传输遥测数据的关键环节之一。传感器的安装、无线网络和联网计算机是M2M的主要工具，有助于集中和分析数据。然后，系统将转换数据，触发预编程的自动操作处理。

M2M通信可运用在多个不同的领域，从日常生活到商业运作。对资产的持续跟踪和监测功能使M2M通信成为仓库管理和供应链管理的重要工具。例如，尽管自动售货机数量庞大，但M2M跟踪使得自动售货机可毫不费力地重新补货。自动售货机可自动发送指令给预先编程的供应商并要求补货，无须人工干预。

此外，M2M通信可部署在公用事业公司，因为其可安装在多个地点，并支持持续跟踪和监测功能。例如，油气供应商可利用M2M检测现场因素，如压力、温度和设备状态。一般来说，M2M的应用场景是无限的。M2M是一种灵活的技术，助力于将“哑巴”机器转变为“智能”机器。M2M是物联网的基石之一，增强了无线传感器网络的连通性，从而提高了传感器网络的性能。

M2M创建了一个联网机器系统，允许用户轻松地监测性能。M2M开辟了新的可能性，设备之间的互连帮助互联实体成为一套智能设备系统。智能设备系统用于收集操作信息，进一步提高生产效率、规模和质量。M2M通过联网机器实现数字转型，帮助机器间协同工作，提升了价值链。

M2M通信是一种数据通信形式，涉及一个或多个实体，在通信过程中不一定需要人工交互或干预。M2M通信涉及的方式不同于当前的通信模型，而是全新且完全不同的市场应用场景具有更低的成本和工作量，以及可能非常多的通信终端，其中每个终端的流量很小。一般来说，M2M可通过移动网络(如GSM-GPRS、CDMA网络)完成通信。在M2M通信中，移动网络的作用很大程度上仅限于提供一个传输网络。

M2M拥有超过500亿台联网设备的潜在市场，提供了巨大的机遇和独特的挑战。M2M设备从高速移动且实时通信的自动驾驶汽车到固定抄表设备(偶尔发送少量数据)不等。

3.4 M2M的应用场景

M2M的应用场景范围广泛，目前，使用M2M的领域如下。

- 安全：监视、警报系统、门禁、汽车/司机安全
- 跟踪和追溯：车队管理、订单管理、随车付费、资产跟踪、导航、交通信息、道路收费、交通优化/转向
- 支付：销售点终端(POS)、自动售货机、游戏机
- 健康：监测生命体征、帮助老年人士或残障人士、网络访问远程医疗点、远程诊断
- 远程维护/控制：传感器、照明、泵、阀门、电梯控制、自动售货机控制、车辆诊断
- 计量：电、气、水、暖气、电网控制、工业计量
- 生产制造：生产链持续监测和自动化

- 设施管理：家庭/建筑/校园的自动化

3.5 M2M 的主要特点

M2M 通信系统的主要特点如下。

- 低移动性：M2M 设备往往不移动或不频繁移动，或者只在某个区域内移动
- 定时控制：只在预定义的时间段发送或接收数据
- 时间容错：数据传输可延迟
- 包交换：网络运营商在有或没有 MSI SDN 的情况下提供包交换服务
- 在线小数据传输：M2M 设备经常发送或接收少量数据。
- 持续监测：虽然无法防止盗窃或故意破坏，但可提供检测事件的功能
- 低功耗：提高系统为 M2M 应用场景提供高效服务的能力
- 特定位置触发器：在特定区域触发 M2M 设备，如唤醒设备

3.6 M2M 的架构和组件

图 3.3 展示了 M2M 系统及其组件的简单架构。M2M 系统的各组成部分及元素简述如下。

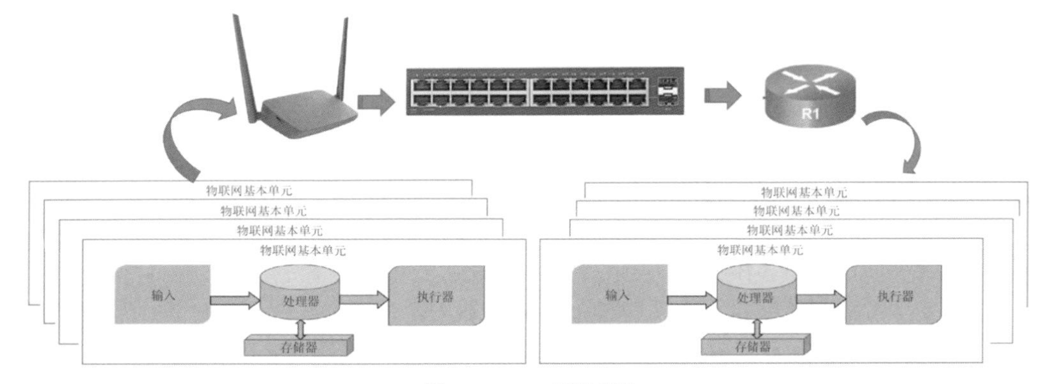

图 3.3 M2M 系统架构

- M2M 设备：M2M 设备是在无线传感器网络中互连的一组物联网单元，能够与无线接入点通信。接入点通过适当的交换机连接到路由器，以便将数据路由到适当的目的地。一般来说，设备可直接连接到运营商的网络，或者使用无线个人区域网络(Wireless Personal Area Network，WPAN)技术(如 ZigBee 或蓝牙)互连。传感器和设备(通过嵌入式 SIM、TPM 和无线电堆栈或固定线路接入)直接连接到运营商网络作为网络终端。

- M2M 局域网(设备域)：提供 M2M 设备与 M2M 网关之间的连接，如个人局域网(Personal Area Network，PAN)。
- M2M 网关：设备使用 M2M 能力，保证 M2M 设备能够与通信网络互通。在传感器和 M2M 设备不直接连接到网络的情况下，网关和路由器是运营商网络的端点，因此，网关和路由器的任务是双重的。首先，网关和路由器必须确保末节网络设备可从外部访问，反之亦然。这些功能由访问使能器(Access Enabler，如标识、寻址和记账)处理，这些访问应用程序来自运营商平台，且网关也必须支持这些功能。平台和网关从而形成了一个分布式系统，通用和抽象的功能是在网关端实现的。因此，网关和运营商平台之间存在一个控制流，这个控制流必须与传输 M2M 应用程序数据的数据通道区分开来。其次，重量级的互联网协议可能需要映射到低功耗传感器网络中相对应的轻量级协议。然而，随着 IPv6 的实现及其运用于传感器网络的成功，全 IP 方法变得可行，协议转换将不再是必要组件。
- M2M 通信网络(网络域)：包括两个 M2M 网关和 M2M 应用程序之间的通信，如 xDSL、LTE、WiMAX 和 WLAN。
- M2M 应用程序：包含中间件层，数据通过各种应用程序服务，由特定的业务处理引擎使用。M2M 应用程序基于运营商提供的基础架构资产(如访问使能器)。应用程序能够以终端用户(如特定 M2M 解决方案的用户)为目标，也能够以其他应用程序提供商为目标，为其提供更精细的构建块。通过这些构建块，可构建更复杂的 M2M 解决方案和服务，如客户服务功能和复杂的账务功能。这些服务或服务使能器可能是由应用程序提供者设计和提供的，也可能是由运营商通过运营商平台本身提供的。图 3.3 显示了 M2M 系统的各种组件和应用程序实例。M2M 系统有一些通用要求，下面给出了欧洲电信标准协会(European Telecommunications Standards Institute，ETSI)的规定。

3.7 M2M 应用通信原则

M2M 系统应允许网络和应用程序领域的 M2M 应用程序与 M2M 设备或 M2M 网关之间通过多种通信方式通信，如 SMS、GPRS、IP Access 等。此外，一个已连接的对象还能够以对等方式与任何其他已连接的对象通信。M2M 系统应能够抽象底层网络结构，包括所使用的网络寻址机制，例如，在基于 IP 的网络中，就可能使用静态或动态 IP 寻址建立会话。

- 休眠设备的消息传递：M2M 系统应能够管理与休眠设备的通信。
- 传输方式：M2M 系统支持泛播(Anycast)、单播(Unicast)、多播(Multicast)和广播(Broadcast)通信方式。应尽可能使用多播或泛播代替全局广播，以减少通信网络上的负载。泛播是一种网络寻址和路由方法，其中，一个目的地址具有到两个或多个端点目的地的多个路由路径。

- 消息传输调度：M2M 系统应能够管理对网络接入和消息发送的调度，且知道 M2M 应用程序的调度延迟允差。
- 消息通信路径选择：在存在其他通信路径的情况下，M2M 系统应能够根据网络成本、延迟或传输失败等策略优化通信路径。
- 与 M2M 网关后设备的通信：M2M 系统应能够与 M2M 网关后的设备通信。
- 通信失败通知：请求可靠传递消息的 M2M 应用程序应被通知任何传递失败的消息的情况。
- 可扩展性：M2M 系统应在连接对象数量方面具有可扩展性。
- 技术异构性的抽象：M2M 网关应有能力连接到各种 M2M 区域网络技术。
- M2M 服务能力发现和注册：M2M 系统应支持允许 M2M 应用程序发现提供给系统的 M2M 服务能力的机制。此外，M2M 设备和 M2M 网关应支持将 M2M 服务能力注册到 M2M 系统的机制。
- M2M 可信应用程序：M2M 核心可通过简化对应用程序身份验证过程的方式，处理可信 M2M 应用程序的服务请求响应。M2M 系统可支持由 M2M 核心预先验证的可信应用程序。
- 移动性：如果底层网络支持无缝移动性和漫游，则 M2M 系统应该能够使用这种机制。
- 通信完整性：M2M 系统应能够支持确保 M2M 服务通信完整性的机制。
- 设备/网关完整性检查：M2M 系统应支持 M2M 设备和 M2M 网关的完整性检查。
- 连续连接：M2M 系统应支持对于定期和连续请求相同 M2M 服务的 M2M 应用程序的连续连接。可根据应用程序的请求或者 M2M 核心中的内部机制停用这种连续连接。
- 确认：M2M 系统应支持消息确认机制。消息可以是未确认的、已确认的或者事务控制的。
- 优先级：M2M 系统应支持业务和通信业务的优先级管理。正在进行中的通信可能会中断，以便为具有更高优先级(即有优先权)的数据流服务。
- 日志记录：应该能够记录需要不可抵赖性的消息和事务。重要事件(例如，从 M2M 设备或 M2M 网关接收到的信息出错，从 M2M 设备或 M2M 网关安装尝试失败，或服务未运行等)可与诊断信息一起记录，并应能够根据要求检索日志。
- 匿名性：M2M 系统应支持匿名性。如果一个 M2M 应用程序从 M2M 设备端请求匿名，并且该请求由网络接收，网络基础架构将根据法律法规和监管合规要求隐藏请求者的身份和位置。
- 时间戳：M2M 系统应能够支持准确、安全、可信的时间戳。M2M 设备和 M2M 网关可支持准确、安全、可信的时间戳。
- 设备/网关故障鲁棒性：在电源中断等非破坏性故障发生后，M2M 设备或网关应在执行适当的初始化(如支持完整性检查)后，立即自动返回完全运行状态。
- 无线电发射活动指示与控制：M2M 设备/网关的无线电发射部件(如 GSM/GPRS)应能够向 M2M 设备/网关上应用程序提供无线电传输活动的实时指示(若如

eHealth 等特定应用程序要求)，并可由 M2M 设备/网关上的应用程序实时指示暂停或恢复无线电传输活动。

3.8 M2M 的注意事项和相关的问题

M2M 中的关键问题与寻址和安全有关。M2M 系统应该能够灵活地支持多种命名方案，还应支持通过名称、临时 ID、假名(即同一实体的不同名称)、位置或其组合(如 URI 或 IMSI)识别连接对象或连接对象组。对于某些类别的设备或在某些环境(即资源受限)中操作的设备，应该能够重用名称。寻址方案应该包括连接对象的 IP 地址。

M2M 设备通常无人操作、无人值守，因此，可能会遭受更高级别的安全威胁，如物理篡改、黑客攻击、未经授权的持续监测等。随着时间的推移，终端设备也可能在地理上分散。因此，M2M 设备应该提供足够的安全能力以检测和抵抗攻击。设备可能还需要支持远程管理，包括固件更新以纠正错误或者从恶意攻击中恢复。

一些 M2M 设备通常要求体积小巧、价格便宜，能够长时间在无人看管的情况下工作，并通过无线区域网络(WAN)或 WLAN 通信。M2M 设备通常在现场部署多年，部署后大都需要远程管理其功能。这类设备很可能会大量部署，其中多数设备也都是移动的，因此运营商或用户委派人员进行管理或服务是不可能和不现实的。这些要求为 M2M 设备及其通信所使用的无线通信网络引入了一些非常规的安全漏洞。

3.9 M2M 的标准化努力

当今的电信网络主要是为人与人之间的通信设计的。目前，对于人机和机机通信，标准化仅限于独立系统，不涉及移动网络和其他通用传输模型。为了提供有效的 M2M 解决方案并扩大市场，行业正在将各种现有标准研发组织 (Standards Development Organization，SDO)技术纳入标准化的方向。ETSI 建立了机器对机器通信技术委员会(Machine-to-Machine Communications Technical Committee，TC M2M)以制定必要的标准。TC M2M 的目标是将不相关的组件级标准整合在一起，并填补标准化空白。TC M2M 正在研发端到端架构，支持多种机机类型的应用程序。目前，正在解决的主要差距是“水平”平台的研发，平台与应用程序无关，但凭借平台的进化功能，能够支持大量类型广泛的服务，包括智能计量、电子健康、城市自动化、消费者应用程序和汽车自动化。

一份概述潜在“用例”的 ETSI 技术报告(Technical Report，TR)正在分别为这五个领域做准备，最终将用于验证规范。TR 在 2010 年 5 月发表了关于智能计量的文章，其他四个方面的工作仍在继续。2010 年，有两项技术规范取得了重大进展。第一项包括 M2M 功能架构的详细规范，涵盖支持 M2M 服务所需的所有新功能(服务功能)、所需新接口的标识以及整体数据模型。特别是，M2M 功能架构的详细规范还包括适合 M2M 服务需求的安全解决方案。第二项技术规范以应用程序编程接口和所需参数的正式定义的形式提供了必要接口的第一个详细规范。

国际电信联盟(International Telecommunication Union，ITU)的标准化工作正在“物联网”、“机器对机器通信”、“面向机器的通信”(Machine-Oriented Communication，MOC)、“智能泛在网络”(Smart Ubiquitous Network，SUN)和“泛在传感器网络”(Ubiquitous Sensor Network，USN)等多个领域下开展。

3.10 总结

联网机器在物联网系统中发挥着重要作用。正是由于联网机器的存在，物联网系统可相互连接并形成一个更大的物联网系统，而不需要考虑单个系统的物理位置。联网机器可帮助所有应用场景和领域的流程更加高效，决策更加智能，直接有助于提高采用物联网系统的部门的生产效率，并提供对系统的有效持续监测和控制。联网机器有助于得到更高的效率、更低的成本和更有效的价值链。

第4章

物联网网络架构

本章首先介绍网络术语，并汇总 ISO-OSI 参考模型的要点，这个模型是学习网络的基础。随后，本章将阐述与物联网系统相关的各种网络协议，以及广域网架构。本章再次简要整理与物联网网络紧密相关的各种数据接收机制，最后，将介绍数据中心网络，并运用所有知识以理解从物联网网关到数据中心的通信流。

4.1 简介

第 3 章讨论了物联网中联网机器背后的技术。局域网中的多台联网机器会进一步相互连接，这些机器同时会连接到基于数据中心的软件应用程序。这些应用程序在一个私有的数据中心或者基于公有云的基础架构中运营，协助管理物联网设备生命周期内的所有活动，并收集来自传感器的数据以待进一步分析。本章将探讨物联网数据的系统设计，还将详细、深入研习网络在物联网中的关键作用，并回顾构建广域网的概念和技术。注意，有大量的联网机器通过广域网连接到数据中心。

网络架构是指设备通过网络互相连接的方式，拓扑结构则是计算机连接的几何表示。网络架构是一个覆盖范围很广的主题，本章将重点介绍涉及物联网应用程序的拓扑和架构。首先，回顾网络中常用的各种术语。

4.2 网络术语

为了更好地理解网络架构，先回顾一些网络术语。

节点

任何连接到网络的设备都称为一个网络节点(Node)。一个节点能够通过连接的网络接收和传输信息。例如，在网络中，如果三台计算机连接到一台服务器和一台打印机，则该网络中有五个节点，如图 4.1 所示。节点通常是自治的，这意味着节点可自主管理。

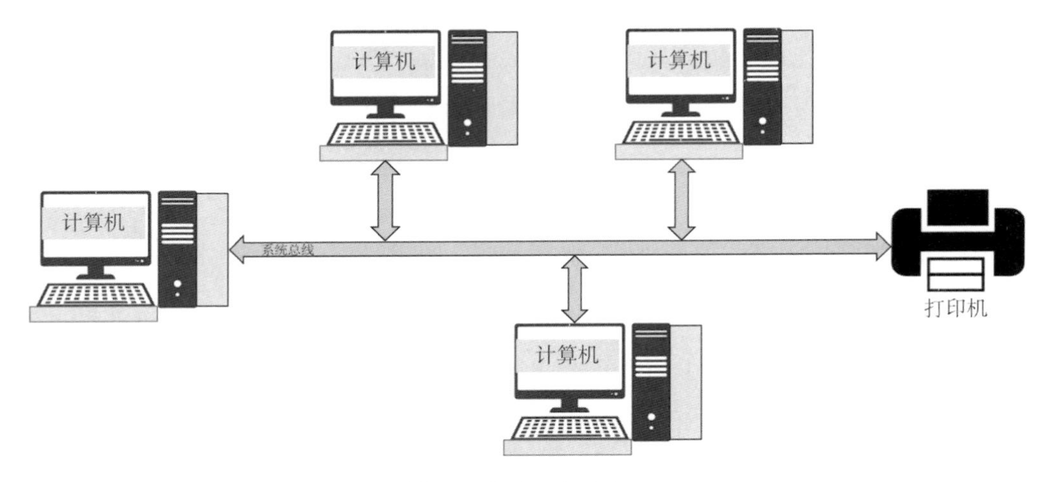

图 4.1 有五个节点的网络

服务器

服务器(Server)是安装有相关软件的计算机硬件，这些软件用于管理网络中与服务器相连的其他设备或资源。连接到服务器的其他设备称为客户端。

客户端

客户端(Client)是连接到服务器的设备，从服务器接收数据和/或指令并执行指令，再将数据发送回服务器。

交换机

交换机(Switch)是网络的基本构建块。最简单的交换机形式是多路复用器，有助于通过网络共享连接的资源。例如，计算机、服务器和打印机都可通过交换机连接到网络中，如图 4.2 所示。

无论连接的设备是位于商业综合体还是大学校园中，交换机都可实现这些设备的信息共享和相互通信。使用交换机可构建一个让设备连接在一起的小型企业网络。

交换机有两种类型，分别是：

- 非管理型交换机
- 管理型交换机

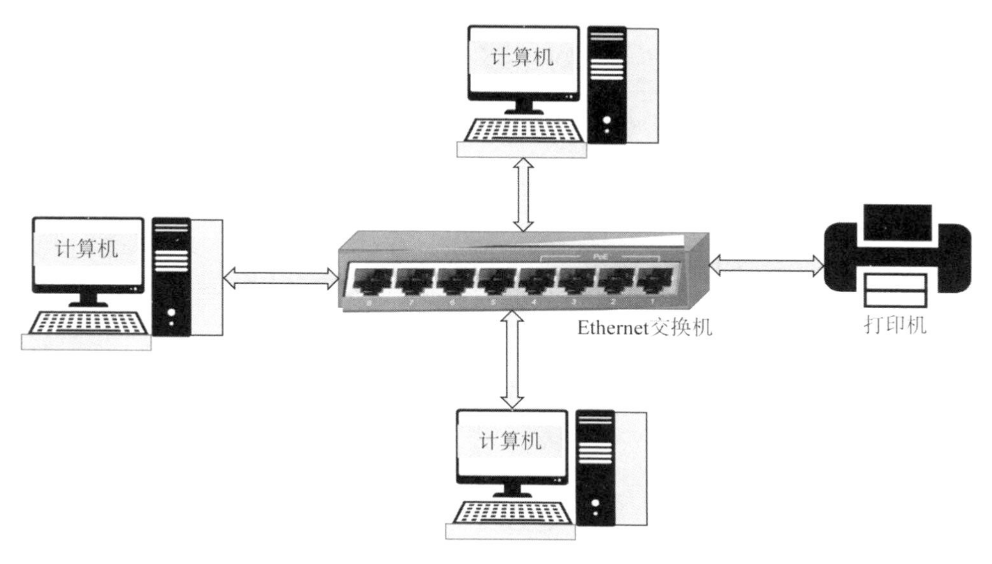

图 4.2　通过交换机连接网络资源

非管理型交换机是一种无源交换机，允许各种设备之间采用分时通信。非管理型交换机是即插即用的，不需要做任何配置。通常，非管理型交换机用于家庭，或者需要更多端口将设备在网络中互联的实验室。

管理型交换机允许配置、监测和管理网络，例如，流量或设置设备的优先级。管理型交换机提供更高的安全水平用于保护网络，并且也可用于控制能够访问网络的人员。

路由器

交换机允许多台设备连接到网络，而路由器则用于连接多台交换机以及与每台交换机相联的网络，从而组成更大的网络。路由器在计算机网络之间路由数据包。路由器在网络中作为流量控制器，引导网络流量有效通信。路由器有助于将网络或网络组连接到建筑物外部，甚至整个世界。

局域网

局域网是在一个物理场地(例如，在一栋建筑物、一间办公室或家庭内)中由各类设备连接在一起而形成的网络，如图 4.3 所示。局域网可小到一栋建筑物内相互连接的几台设备，也可大到大学校园或企业内连接的数千台设备。通常，在局域网中设备之间使用有线连接。

无线连接极大地扩展了可连接到局域网的设备类型。众所周知，物联网可“连接”一切可能的事物，从个人计算机、打印机和手机，到智能电视、音响、扬声器、照明灯、恒温器、窗帘、门锁、安全摄像头，甚至咖啡机、冰箱和玩具。

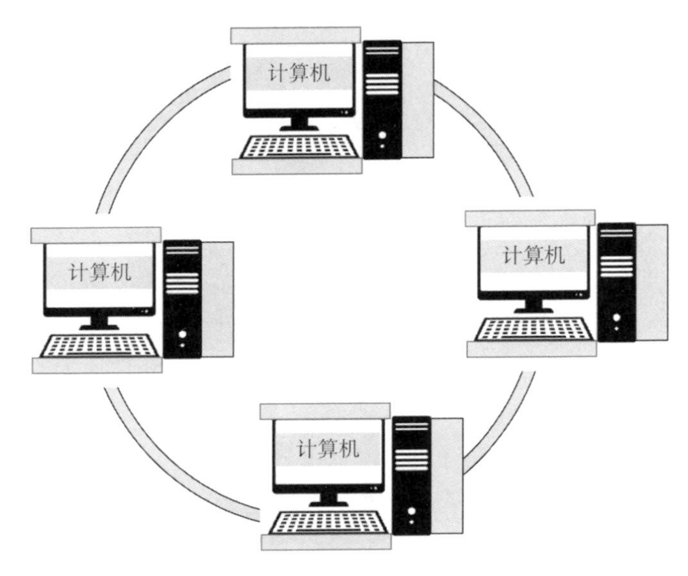

图 4.3 局域网

通常，有两种类型的局域网：

- 客户端/服务器局域网(Client-server LAN)
- 对等局域网(Peer-to-peer LAN)

客户端/服务器局域网由多台连接到中央服务器的、名为客户端的设备所组成。服务器管理整个网络上的设备访问、应用程序访问、文件存储和网络流量等活动。客户端可以是通过网络连接到服务器的任意设备，这些服务器运行或访问应用程序或访问互联网。客户端通过物理线缆或者无线方式连接到服务器。

通常，所有应用程序都存储在局域网服务器之上。用户可通过运行在局域网服务器上的应用程序访问数据库、电子邮件、共享文档、打印和其他服务，相关的读写权限由网络或 IT 管理员负责维护。多数大中型企业、政府、科研和教育网络都是基于客户端/服务器的局域网。

对等局域网没有中央服务器，也无法像客户端/服务器局域网那样处理工作负载。在对等局域网中，每台设备均等地共享网络功能。这些设备通过与交换机或路由器的有线或无线连接共享资源和数据。多数家庭网络都是对等局域网。

广域网

简而言之，广域网就是多个局域网或网络的互连(见图 4.4)。互联网则是世界上最大的广域网。

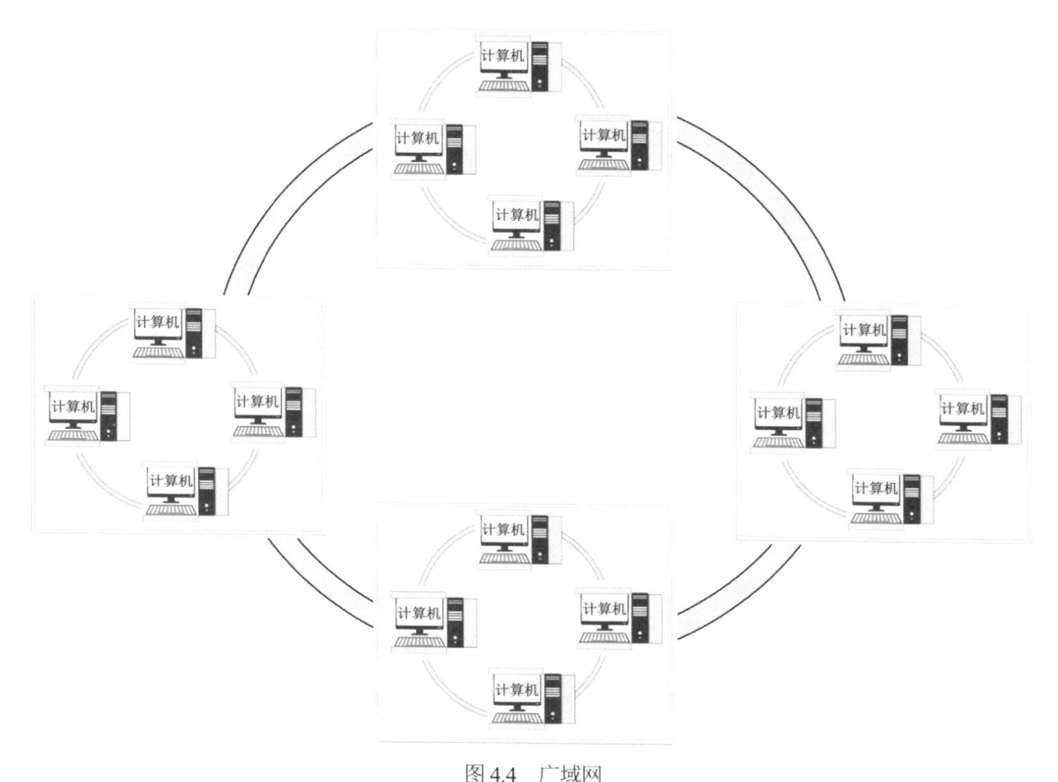

图 4.4　广域网

局域网和广域网之间的主要区别在于，广域网是在局域网地理区域之外完成的连接。广域网通过运营商或服务提供商实现跨地理区域的连接。在美国，服务提供商包括有线电视公司，如 AT&T、Verizon、British Telecom 和 Airtel。

通过广域网可在两个地理位置之间共享数据，例如，欧洲的一个分支机构可访问另一个位于美洲的分支机构，或者位于不同地理位置的总部机构。要了解广域网连接，需要先回顾 ISO-OSI 参考模型。

4.3　ISO-OSI 参考模型

使用计算机网络的用户数以百万且遍布全球各地。为了确保国家和世界范围之内的数据通信能够互相兼容，国际标准化组织(International Organization for Standardization，ISO)制定了开放系统互连(Open System Interconnection，OSI)的标准，也称为 ISO-OSI 参考模型。

ISO-OSI 参考模型是一个七层的架构，如图 4.5 所示。ISO-OSI 架构定义了实现通信系统的七个层次(或级别)。这七层分别是：

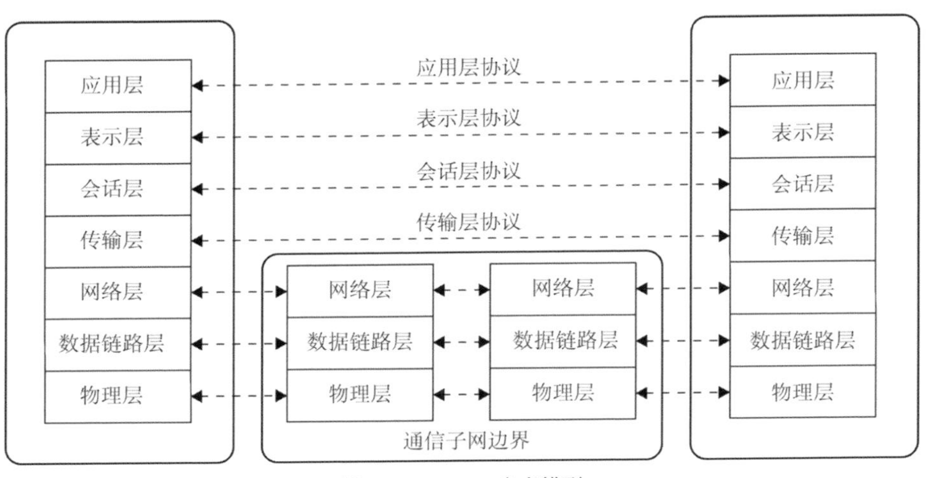

图 4.5 ISO-OSI 参考模型

- 应用层
- 表示层
- 会话层
- 传输层
- 网络层
- 数据链路层
- 物理层

表 4.1 列出了各层使用的协议和交换数据单元。

表 4.1 ISO-OSI 参考模型中各层所使用的协议

层	协议名称	交换数据单元名称
应用层	应用层协议	APDU-应用层协议数据单元
表示层	表示层协议	PPDU-表示层协议数据单元
会话层	会话层协议	SPDU-会话层协议数据单元
传输层	传输层协议	TPDU-传输层协议数据单元
网络层	网络层主机-路由器协议	包
数据链路层	数据链路层主机-路由器协议	帧
物理层	物理层主机-路由器协议	比特

下面简要介绍各层的主要功能，这些层构成了网络架构的基础。

第 1 层：物理层

ISO-OSI 参考模型的第 1 层(L1)是物理层。这一层是 OSI 模型的最底层，实现物理连接的启动和关闭。物理层负责非结构化原始数据的传输和接收。数据编码和解码也在本层完成。物理层定义了传输过程中所需的各种电压和数据传输速率。这一层主要负责将数字或模拟比特转换为铜缆或光纤能够承载的电信号或光信号。

第 2 层：数据链路层

ISO-OSI 参考模型的第 2 层(L2)是数据链路层。本层会同步将要在物理层上传输的信息。这一层的主要功能是确保数据在物理层上从一个节点到另一个节点的正确传输。本层按顺序管理数据帧的发送和接收。数据链路层对已接收的帧发送确认信息，并等待对已发送帧的确认。本层也处理未确认的接收帧的重发。这一层在两个节点之间建立一个逻辑层，并控制管理网络上的帧流量。当帧缓冲区已满时，本层会向发送节点发出信号，以停止发送帧。

第 3 层：网络层

ISO-OSI 参考模型的第 3 层(L3)是网络层。这一层能够让信号通过不同的通路从一个节点路由到另一个节点。本层起到网络控制器的作用，决定数据应通过哪条路由传输。网络层将发出的报文划分成多个包，并将收到的包组装成更高一层的报文。

第 4 层：传输层

ISO-OSI 参考模型的第 4 层(L4)是传输层。顾名思义，这一层决定了数据帧的传输路径是在并行路径上还是在单个路径上。数据复用、分段或拆分等功能在本层实现。传输层接收来自会话层(L5，位于传输层之上)的报文，并将报文转换为更小的单元，然后传递到网络层(L3)。传输层将数据分解成更小的单元，以便网络层更有效处理。

第 5 层：会话层

ISO-OSI 参考模型的第 5 层(L5)是会话层。本层管理和同步两个不同应用程序之间的会话，并正确标记和重新同步从源会话层到目的会话层的数据传输，以便不会过早地切断报文结尾，从而避免数据丢失。

第 6 层：表示层

ISO-OSI 参考模型的 6 层(L6)是表示层。本层确保用接收方能够理解和使用的方式发送数据。在接收到数据后，表示层将转换数据以待应用层使用。当两个通信系统的语法不同时，表示层充当翻译器的角色。数据压缩、数据加密和数据转换等功能在本层完成。换句话说，表示层处理数据的压缩/解压缩和加/解密。

第 7 层：应用层

ISO-OSI 参考模型的第 7 层(L7)是应用层，这也是 OSI 模型的最顶层。本层将文件和/或干扰结果传输给用户。应用层提供多种服务，如邮件服务、目录服务、网络资源等。应用程序主要在这一层。

4.4 网络协议

最简单的网络协议形式是网络遵循的一组规则。网络协议是由规则、程序和格式组成的正式标准和策略，用于定义网络上两个或多个设备之间的通信。协议的内容包括在计算机、路由器、服务器和其他支持网络设备之间启动和完成通信的所有过程、程序要求和约束。网络协议应由发送方和接收方完成编译，确保通过网络完成数据通信。网络协议也适用于通过网络开展通信的软件和硬件节点。网络协议有多种类型，本节将介绍与物联网相关的协议。

互联网协议

互联网协议(Internet Protocol，IP)套件是一组通信协议，用于实现互联网运行的协议栈。IP 套件有时也称为传输控制协议/互联网协议(Transmission Control Protocol/Internet Protocol，TCP/IP)套件，其中的重要协议是 TCP 和 IP。IP 套件可通过与 OSI 模型类比描述，但存在一些差异。

协议栈

协议栈是一组完整的协议层，这些协议协同工作，提供网络功能。

传输控制协议

传输控制协议(Transmission Control Protocol，TCP)是 IP 套件的核心协议。TCP 起源于在网络实现过程中对 IP 功能的补充，因此，整个套件通常称为 TCP/IP。TCP 通过 IP 网络提供可靠的八位字节的流传输。TCP 的主要特征是排序和错误检查。万维网、电子邮件和文件传输等所有主要的互联网应用程序都依赖于 TCP。

超文本传输协议

超文本传输协议(Hypertext Transfer Protocol，HTTP)是万维网数据通信的基础。超文本是一种结构化文本，在包含文本的节点之间使用超链接。HTTP 是为分布式的、协作的超媒体信息系统制定的应用协议。HTTP 的默认端口号是 80，安全通信端口号是 443。

文件传输协议

文件传输协议(File Transfer Protocol，FTP)是在互联网和专用网络中传输文件时最常用的协议。FTP 的默认端口号是 20/21。

安全外壳

安全外壳(Secured shell，SSH)是在命令级别安全地管理网络设备的主要方法，通常用于替代不支持安全连接的 Telnet。SSH 的默认端口号是 22。

Telnet

Telnet 是在命令级别管理网络设备的主要方法。与 SSH 不同，Telnet 不提供安全的连接，而是提供不安全的基本连接。Telnet 的默认端口号是 23。

简单邮件传输协议

简单邮件传输协议(Simple Mail Transfer Protocol，SMTP)有两个主要功能。一个用于在邮件服务器之间将电子邮件从来源地传输到目的地，另一个用于将电子邮件从最终用户传输到邮件系统。SMTP 的默认端口号为 25，安全的端口号(SMTPS)为 465(非标准)。

域名系统

域名系统(Domain Name System，DNS)用于将域名转换为 IP 地址。DNS 层次结构中有根服务器、顶级域名(Top-level Domain，TLD)和权威服务器。DNS 的默认端口号为 53。

邮局协议版本 3

邮局协议版本 3(The Post Office Protocol Version 3，POP3)是用于从互联网检索邮件的两个主要协议之一。此协议非常简单，允许客户端从服务器的邮箱中检索完整内容并删除内容。POP3 的默认端口号是 110，安全的端口号是 994。

互联网消息访问协议

互联网消息访问协议(Internet Message Access Protocol，IMAP)第三版是另一个用于从服务器检索邮件的主要协议。IMAP 不会从服务器的邮箱中删除内容。IMAP 的默认端口号是 143，安全的端口号是 993。

简单网络管理协议

简单网络管理协议(Simple Network Management Protocol，SNMP)用于管理网络。该协议具有监测、配置和控制网络设备的能力。在网络设备上可配置 SNMP 陷阱，以便在发生特定的操作时通知中央服务器。SNMP 的默认端口号为 161/162。

基于 SSL/TLS 的超文本传输协议

基于 SSL/TLS 的超文本传输协议(Hypertext Transfer Protocol over SSL/TLS，HTTPS)用于提供与 HTTP 相同的服务，但通过 SSL 或 TLS 可提供安全的连接。HTTPS 的默认端口号是 443。

4.5　广域网架构

广域网访问包括 ISO-OSI 参考模型的第 1 层(L1，物理层)和第 2 层(L2，数据链路层)。第 1 层连接包括与服务提供商的电气、机械、功能和操作连接，而第 2 层连接定义了数据的封装方式。

4.5.1　广域网技术类型

当今业界普遍使用的主要广域网技术类型如下：

- 包交换
- 覆盖网络

- 基于 SONET/SDS 的包分组(Packet over SONET/SDS，PoS)
- 多协议标签交换(Multiprotocol Label Switching，MPLS)
- 异步传输模式(Asynchronous Transfer Mode，ATM)
- 帧中继

下面简要探讨上述技术。

包交换

包交换是一种数据传输方法，该方法将报文分成多个部分，将每个部分命名为数据包。这些包一式三份，每个包通过最佳路径独立发送。这些包在目的地重新组装，每个包都包含一部分有效载荷，以及一个包含目的地和重组信息的标识头。包用一式三份的方式发送，以检查包是否有损坏。对每个包要执行验证流程，即比较并确认副本中至少有两个匹配。验证失败时会请求重新发送包。

覆盖网络

覆盖网络是一种数据通信技术，这种技术利用软件在另一个网络(通常是硬件和布线基础架构)上创建虚拟网络。这样做通常是为了支持底层网络上不可用的应用程序或安全功能。

SONET/SDS 上的包分组

SONET/SDS 上的包分组是一种主要用于广域网传输的通信协议。该协议定义了使用光纤及同步光网络(Synchronous Optical Network，SONET)或同步数字体系(Synchronous Digital Hierarchy，SDH)通信协议时，点对点链路的通信方式。

多协议标签交换

多协议标签交换是一种网络路由优化技术。MPLS 技术使用短路径标签而不是长网络地址，将数据从一个节点定向到下一个节点，减少了查找路由表所要消耗的时间。

异步传输模式

异步传输模式是早期数据网络中常见的一种交换技术，如今基于 IP 的技术已基本取代该项技术。ATM 使用异步时分复用技术将数据编码为大小固定的小信元。相比之下，当今基于 IP 的 Ethernet 技术将数据分为大小可变的包。

帧中继

帧中继是一种在广域网端点和局域网之间传输数据的技术。帧中继技术使用包交换方式规定了数字电信信道的物理和数据链路层。帧中继将数据打包成帧，并通过共享的帧中继网络发送。每个帧都包含路由到目的地的所有必要的信息。帧中继的最初目的是在电信运营商的综合业务数字网基础架构之间传输数据，但如今已用于多种其他网络环境。

4.5.2 IP 网络

本节简要介绍与本书相关的 IP 网络基础知识。

IP 地址

IP 网络上的每个设备都需要三种不同的信息与网络上的其他设备正确通信：IP 地址、子网掩码和广播地址。这三种信息通常会写成四组“八位位组”数字格式(例如，198.41.12.151、254.254.254.0 和 198.41.12.255)。

每个 IP 地址由两部分组成：“网络”部分，告诉路由器包应去往哪个设备组(如校园)；“主机”部分，告诉路由器包应去设备组中的哪些特定设备。

通过检查待转发的 IP 包中的目的地址，并使用静态配置或从其他路由器动态收集的信息，路由器可确定将包从一个组转发到另一个组的最佳路径。

IP 互联网上的每组设备都需要有一个唯一的网络部分，并且一组内的每个设备也需要一个唯一的主机部分。在互联网中，通过名为网络信息中心(Network Information Center，NIC)的集中管理机构间接获取网络部分，实现了网络的唯一性。NIC 将地址块分配给互联网服务提供商(Internet Service Provider，ISP)，随后互联网服务提供商将这些地址分配给各自的客户。

如果网络连接到互联网，那么需要从互联网服务提供商或网络管理员处获得一个唯一的网络地址。任意特定地址中，网络部分和主机部分的分配是由网络的“类别”决定的。在各种情况下，地址中未用于网络部分的位保留为主机部分。表 4.2 展示了 IP 地址类别。

表 4.2　网络分类

类别	网络部分	允许的主机数量/台
A 类	1.0-128.0	1600 万(约)
B 类	128.0-191.255	65 535
C 类	192.0 - 223.254.255	255

子网掩码

子网掩码告诉路由器应将地址中多少位视为网络部分。传统 A、B 和 C 类网络的掩码如表 4.3 所示。

表 4.3　子网掩码分类

类别	子网掩码
A 类	254.0.0.0
B 类	254.254.0.0
C 类	254.254.254.0

将表 4.3 中的掩码与表 4.2 中的掩码比较，能够看到，掩码中的 254 是标识地址的网络部分。

正如网络部分的掩码指定了全局 IP 地址的哪一部分可用于网络使用，子网掩码也可用于将 A、B 或 C 类网络范围细分为多组主机或“子网”。

通过告知路由器掩码中超过传统位数的主机部分将表示为网络部分，可实现上述内容。表 4.4 显示了可能的子网掩码。

表 4.4 子网掩码范围

子网掩码	主机范围
254.254.254.0	1-254(传统 C 类)
254.254.254.128	1-126, 129-254
254.254.254.192	1-62, 65-126, 129-190, 193-254
254.254.254.224	1-30, 33-62, 65-94, 97-126, 129-158, 161-190, 193-222, 225-254
254.254.254.240	1-14, 17-30, 33-46, 49-62, 65-78, 81-94, 97-110, 113-126, 129-142, 145-158, 161-174, 177-190, 193-206, 209-222, 225-238, 241-254
254.254.254.248	1-6 等

每个范围内计算出的最小地址(传统 C 类范围中的 0)未显示，由于 0 无法使用，因此在图表中略过。每个范围中的最大地址(传统 C 类范围中的 255)也没有显示，因为该地址是子网的广播地址。

对于上面的每个掩码，二进制值中的 1 代表网络部分，0 代表主机部分(128 是 10000000，192 是 11000000 等)。使用较多位表示网络部分时，用于主机地址的位将变少。相同的思路可扩展到 A 类和 B 类网络。

4.5.3 Ethernet 上的 IP

局域网最常用的链路层协议是 Ethernet 协议，该协议经常用于支持一系列网络层协议，包括 IP(如图 4.6 所示)。IP 数据报通过封装在介质访问控制(Medium Access Control，MAC)帧(或使用 MAC 封装的 LLC 帧)中传输。

图 4.6 在 Ethernet 上传输的 IPv4 数据报

IP 引入了一个额外的协议，名为地址解析协议(Address Resolution Protocol，ARP)，用于在 MAC 帧中的目标硬件地址和 IP 网络地址之间映射。协议栈以及每个协议在 OSI 参考模型中的位置如图 4.7 所示。

Ethernet 链路层为 IP 网络层提供以下重要服务：

- 硬件地址分配(即 MAC 地址)
- 协议类型标识符(数据链接 SAP 字段)
- 最大传输单元(MTU)
- 广播功能
- 多播功能

MAC 地址

MAC 协议用于 Ethernet 广域网/局域网的数据链路层。数据包的 MAC 封装如图 4.8 所示。MAC 协议通过在数据前添加 14 字节的报头(Protocol Control Information，PCI，协议控制信息)并附加完整性校验和，完成 SDU(载荷数据)的封装。其中，校验和是位于数据末端的 4 字节长(32 位)的循环冗余校验(Cyclic Redundancy Check，CRC)。在整个帧之前，有一个小的空闲期(最小帧间间隙，9.6μs)和一个 8 字节的前导码(包括帧分隔符的开始)。

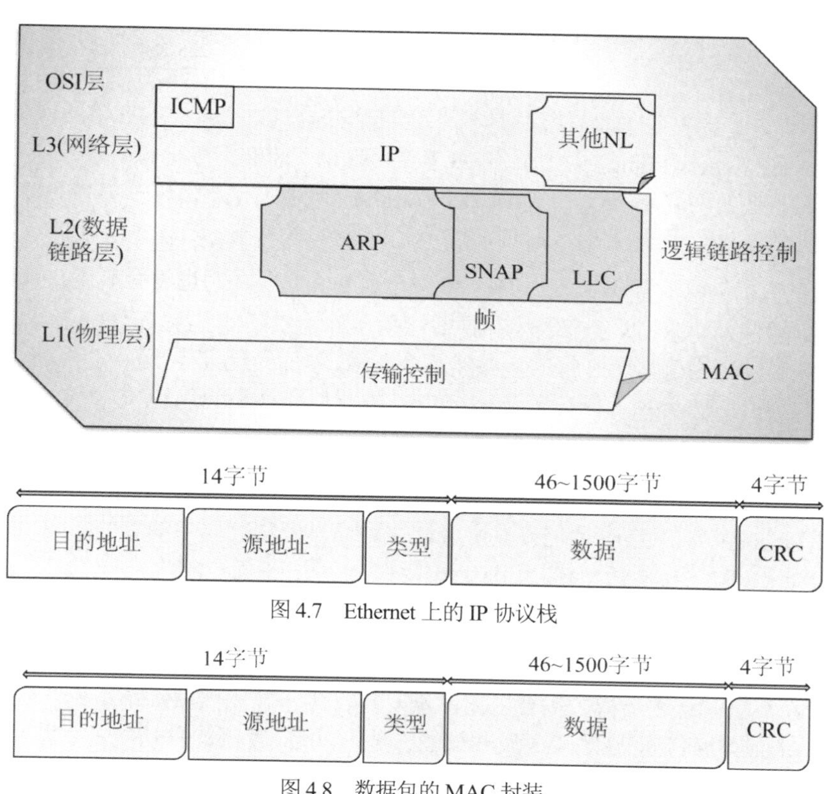

图 4.7　Ethernet 上的 IP 协议栈

图 4.8　数据包的 MAC 封装

MAC 头

MAC 头由三部分组成：6 字节的目的地址，指明单个接收节点(单播模式)、一组接收节点(多播模式)或所有接收节点的集合(广播模式)。

4.6　MAC 源地址

MAC 源地址是一个 6 字节的源地址，设置为发送方的全局唯一节点地址。源地址的 12 位十六进制数字由前/左 6 位数字(应与 Ethernet 网卡的供应商匹配)，和后/右 6 位数字组成，标明了此网卡供应商的接口序列号(给出了 256 的立方的地址，或 1678 万个单独的序列号)。供应商 MAC 地址(即 MAC 源地址的前 3 个字节，又称组织唯一标识符，Organization Unique Identifier，OUI)是从 IEEE 购买的。每个供应商可分配各自的网卡接口序列号(这是一种平面寻址方案)，但也允许协议检查帧地址的前 3 个字节，以确定所用的网卡制造商。网络层协议可使用 MAC 源地址识别捕获包的发送方，通信则使用其他机制。

与分层方法相比，MAC 地址空间是非结构化的。在此方案中，分配地址块通常采取先到先得的方式。MAC 地址不表示其在网络拓扑中的特定位置。

MAC 帧类型

MAC 帧类型是一个 2 字节的类型字段，类型字段提供标识所承载的协议类型的服务接入点(Service Access Point，SAP)，例如，字段值 0×0800 用于标识 IP 网络协议，其他值用于指明其他的网络层协议。在 IEEE 802.3 LLC 标准中，MAC 帧类型字段可用于指明数据部分的长度，还用于指示何时将标记字段添加到帧中。

矮帧

接收到的任何小于 64 字节的帧都是非法的，称为“矮帧”(Runt Frame)。在大多数情况下，此类帧是由碰撞所产生的，虽然不合要求，但仍可在正常运行的网络上观察到。注意，接收方必须丢弃所有矮帧。在网络中，矮帧是非常小的包。

超大型帧

接收到的超过帧的最大长度的帧，称为“超大型帧”(Giant Frame)。理论上，收发器中的逾限(Jabber)控制电路应阻止节点生成这样的帧，但物理层中的意外故障也可能产生过大的 Ethernet 帧。与矮帧一样，Ethernet 接收器会丢弃超大型帧。

巨型帧

一些现代千兆 Ethernet 网卡是支持超出 IEEE 标准指定的 1500 字节限制的帧的。巨型帧(Jumbo Frame)这种新模式需要链路两端支持，由于路由器缺少用于确定端到端路径上的所有系统是否都支持这些较大尺寸帧的方法，因此，使用此种功能需要路径 MTU 发现或分组层路径 MTU 发现(PLPMTUD)。

缺位帧

不包含整数个数接收字节的帧，称为“缺位帧”(Misaigned Frame)，缺位帧也是非法的。接收器无法知道哪些位是合法的，以及如何计算帧的 CRC-32。因此，Ethernet 接收器也会丢弃缺位帧。

IP 包处理

图 4.9 表示数据帧通过互联网传输时，IP 包的处理顺序。

IP 包以如下方式放置在 Ethernet 帧中。

1. IP 广播/多播地址：检查目的 IP 地址，以查看系统是否应当接收包的副本。如果这是 IP 网络广播地址(或与注册的 IP 多播过滤器匹配的多播地址，这个过滤器由 IP 接收器设置)，则接收包的副本。如果需要副本，则将数据包发送到环回接口。这一步直接将数据包传送到 IP 输入，然后系统继续处理原始包。

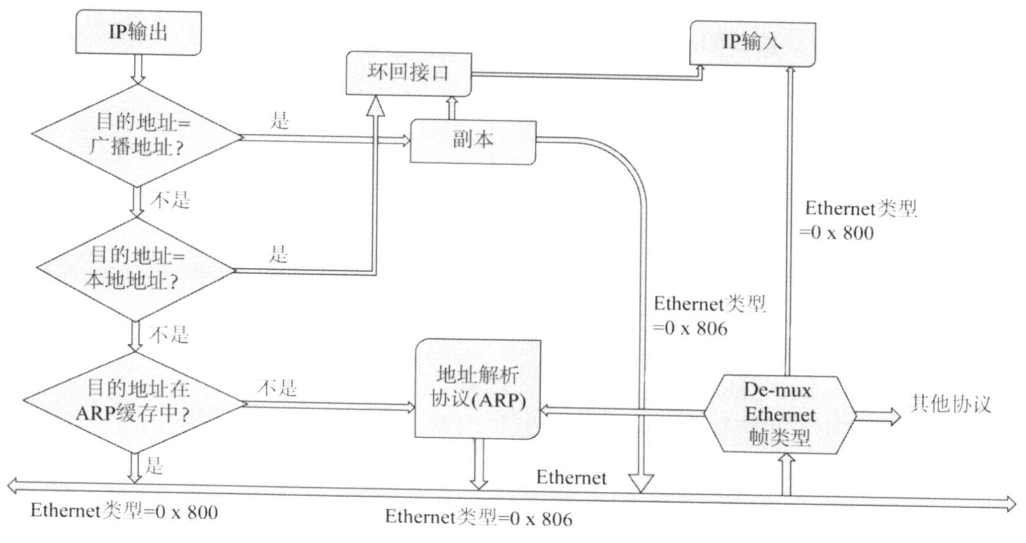

图 4.9　IP 包处理顺序

2. IP 单播地址：检查 IP 目的地址是否是发送系统的单播(源)IP 地址。单播包直接发送到环回接口(即永远不会到达物理 Ethernet 接口)。

3. 下一跳 IP 地址：发送方确定下一跳地址，即下一个接收分组的中间系统或端系统的 IP 地址。在知道下一跳 IP 地址后，系统将会使用 ARP 协议查找要在 Ethernet 帧中使用的对应的 MAC 地址。

这一步包含两个阶段的流程。

(1) 查询 ARP 缓存，查看缓存中是否已经存有下一跳 IP 地址对应的 MAC 地址。如果能够查到，则添加正确的地址，并将包排入队列等待传输。

(2) 如果 MAC 地址不在 ARP 缓存中，则使用 ARP 协议请求地址并将包放入队列，直到出现与之对应的响应(或超时)。

4. MTU：基于要发送链路的 MTU 检查包的大小(注意，环回接口的 MTU 可能与 Ethernet 的不同)。如果需要，执行 IP 分片，或者返回 ICMP 错误信息，可能会触发发送端主机的 PLPMTUD。

5. 封装：Ethernet 帧是通过插入目的、源和 Ethernet 类型字段完成的。当使用标签时，适当的 802.1pQ 标签会插入 MAC 报头之后(标签中的优先级字段可基于 IP DSCP 值设置)。

6. 传输：使用 Ethernet 的 MAC 过程传输帧。

4.7 数据接收

对接收到的帧，执行如下处理，如图 4.10 所示。

1. MAC 协议：网卡中的 Ethernet 控制器验证帧符合以下描述。

- 不小于帧的最小长度，且不大于最大长度(1500B)
- 末尾包含有效的 CRC
- 不包含残留物(即不构成字节的额外位)

2. MAC 地址：依据 MAC 目的地址过滤帧，并且仅在以下情况下才接收帧。

- 是一个广播帧(即目的地址字段的所有位都设置为 1)
- 是已注册 MAC 组地址的多播帧
- 是到接收节点 MAC 地址的单播帧
- 或者接口以混杂模式运行(即作为桥接器)

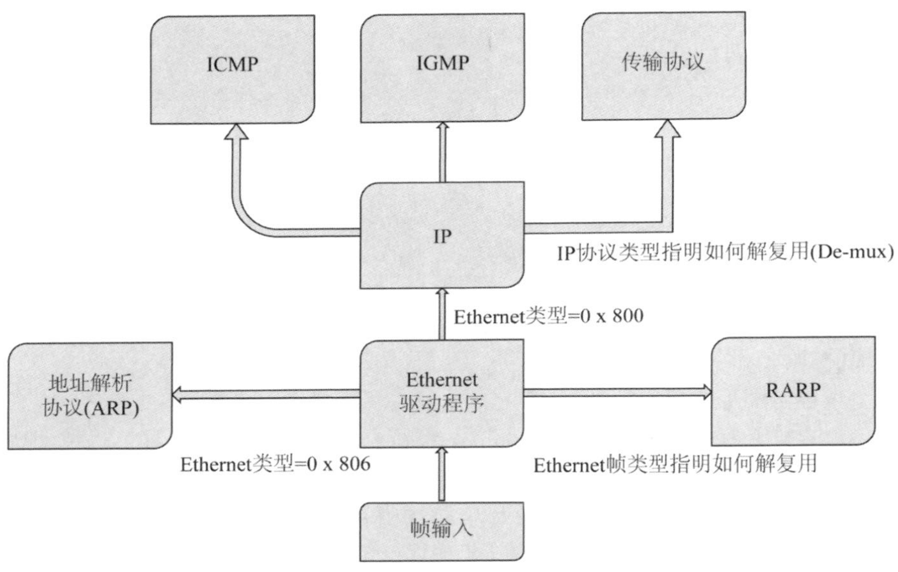

图 4.10 接收帧的处理

3. MAC SAP：基于指定的 MAC 包类型(SAP)对帧按如下方式执行解复用。

- 带有 IEEE 802.1pQ 标记的帧将检查和处理虚拟局域网信息，然后跳过标记字段，读取随后的 Ethernet 类型字段
- 传递到对应的协议层(例如，LLC、ARP 或 IP)
- 携带 IP 包的帧的类型字段为 0x800，而用于 ARP 的帧的类型字段为 0x0806

4. IP 检查：检查 IP 包头中的以下内容。

- 检查协议类型=4(即 IP 的当前版本)
- 验证包头的校验和
- 检查包头的长度

5. IP 地址：检查目的 IP 网络地址符合以下描述。

- 如果与接收节点的 IP 地址匹配，则接收
- 如果是到接收节点网络的广播包，则接收
- 如果是到正在使用的 IP 多播地址的多播包，则接收
- 如果不是以上判断分支，则使用路由表(如果可能)转发或丢弃

6. IP 分片：对于接收节点的包，检查是否需要重新组装。

- 检查分片偏移值和更多标志
- 分片将放置在缓冲区中，直到接收到其他分片，以完成完整的包

7. IP SAP：检查 IP 协议字段(SAP)。

- SAP 字段标识传输协议(例如，1=ICMP；6=TCP；17=UDP)
- 将完整的包传送到适当的传输层协议

4.8 多协议标签交换

多协议标签交换(Multiprotocol Label Switching，MPLS)是一种用短路径标签代替长网络地址的数据转发技术。MPLS 技术可实现更高的数据传输速率，且允许更好地控制网络上的流量。MPLS 技术可集成到现有的基础架构上，例如，IP、帧中继、ATM 或 Ethernet。MPLS 独立于接入技术，因此允许不同的接入链路聚合在 MPLS 边缘，而无须改变当前的环境。

以下是 MPLS 的应用组件：

- 二层/三层虚拟专用网
- 流量工程
- 服务质量
- 通用多协议标签交换
- IPv6

虚拟专用网

虚拟专用网络(Virtual Private Network，VPN)允许在现有的公共网络域上创建安全的通道。VPN 是利用使用方设备的互联网连接实现的，需要使用方选择 VPN 的专用服务器，而不是选择 ISP 供应商。因此，当数据传输到互联网时，来自 VPN 而不是公共服务器。

VPN 安全

VPN 是一种用于为私有和公共网络通信增加安全和隐私的方法，例如，在使用 Wi-Fi 热点和互联网时，公司可使用 VPN 保护敏感数据。然而，由于以前面对面交流方式越来越多地转移到互联网应用程序，个人 VPN 的使用变得越来越流行。VPN 保护了隐私，因为用户的初始 IP 地址替换为 VPN 提供商的 IP 地址。订购用户可从 VPN 服务所提供的所有网关位置获取 IP 地址。例如，用户住在旧金山，但使用 VPN 时可能看起来是住在阿姆斯特丹、纽约或者任意其他网关城市。

VPN 协议

随着时间的推移，协议的数量和可用的安全功能不断增长。最常见的协议如下。

- PPTP：PPTP 从 Windows 94 时代就已经存在，可在每个主要操作系统(Operating System，OS)上简易设置。简而言之，PPTP 通过 GRE 协议建立点对点连接。不幸的是，近年来，PPTP 的安全问题一直受到质疑。
- L2TP/IPsec：基于 IPsec 的 L2TP 比 PPTP 更安全，且提供更多功能。L2TP/IPsec 是一种同时实现两种协议的方式，获得了每个协议的最佳特性。例如，L2TP 协议用于创建通道，而 IPsec 保证了通道的安全。在这些措施保护下，数据包会变得更加安全。
- OpenVPN：OpenVPN 是一种基于 SSL 的、广受欢迎的 VPN。OpenVPN 使用的是开源软件，可免费获得。SSL 是一种成熟的加密协议，OpenVPN 可在单独的 UDP 或 TCP 端口上运行，非常灵活。

二层/三层 VPN

MPLS 第 3 层 VPN 使用对等模型，MPLS 模型使用边界网关协议(Border Gateway Protocol，BGP)分发 VPN 相关信息。这种高度可扩展的对等模型允许企业订购用户将路由信息外包给服务提供商，从而显著节省成本，并降低企业运营的复杂程度。然后，服务提供商可提供服务质量(Quality of Service，QoS)和流量工程(Traffic Engineering，TE)等增值服务，从而实现包含语音、视频和数据的网络融合。

基于 IP 的 VPN 使用 VRF-lite 的下一代虚拟路由/转发技术(Virtual Routing/Forwarding，VRF)，名为简易虚拟网络(Easy Virtual Network，EVN)。基于 IP 的 VPN 简化了第 3 层网络虚拟化，并允许用户在共享的网络基础架构上轻松地提供流量分离和路径隔离，从而无须在企业网络内部中部署 MPLS。EVN 与传统的 MPLS-VPN 完全集成。

二层 VPN 在 IP/MPLS 网络之上整合第 2 层流量，包括 Ethernet、帧中继、ATM、高级数据链路控制(High Level Data Link Control，HDLC)和点对点协议(Point-to-Point Protocol，PPP)。服务提供商在引入新服务和架构的同时，还会持续提供现有数据和语音服务。二层 VPN 提供的这种支持，尤其是对传统帧中继和 ATM 网络的支持，能够帮助服务提供商保护自己的投资。服务提供商还可从融合服务的成本节约中受益，并在新融合的 IP/MPLS 网络上的创新 IP 服务中获得收入。

流量工程

MPLS 的应用场景之一就是流量工程，用于操控流量以适应特定网络。服务提供商使用 TE 作为其骨干网并提供高韧性非常重要。

第 2 层的一些技术(如 ATM)提供 TE 功能，可用于操控源和目的地之间的流量，但当各个节点之间需要全网格连接时，就无法很好地扩展。由于传统的 IP 路由仅基于目的地址，IP 网络本身没有任何 TE 机制。唯一可用于操控流量的选项是与内部网关协议(Interior Gateway Protocol，IGP)相关的指标，可对其做出调整，以优先选择特定路径。然而，在大型网络中，这种做法也不能很好地扩展。IP 可在覆盖模型中通过使用 ATM 实现 TE，但会导致可扩展性问题。

另一方面，MPLS TE 通过将 ATM 的 TE 功能与 IP 的灵活性和服务等级(Class of Service，CoS)差异化结合，为 TE 提供了一种集成方法。MPLS TE 的性质避免了覆盖模型相关问题。与 ATM 或帧中继虚拟电路(Virtual Circuit，VC)一样，由 MPLS TE 自动构建的标签交换路径(Label Switched Path，LSP)控制流量流向特定目的地的路径，而不是纯粹基于目的地的转发。

MPLS TE 的工作需要知道网络中可用的拓扑和资源，然后，基于数据流所需的资源和可用的资源，将数据流映射到特定路径。MPLS TE 用标签交换路径(Label Switched Path，LSP)的形式建立从源到目的地的单向隧道，并将其用于转发流量。隧道开始的点称为隧道首端或隧道源，隧道结束的节点称为隧道尾端或隧道目的地。

MPLS 服务质量

MPLS 服务质量功能使网络管理员能够跨 MPLS 网络提供差异化服务。网络管理员通过指定适用于每个传输的 IP 包的服务等级，可满足广泛的网络需求。通过在每个包的报头中设置 IP 优先位，可为 IP 包建立不同的服务等级。

MPLS 服务质量在 MPLS 网络中支持以下差异化服务：

- 包的分类分级
- 拥塞避免
- 拥塞管理

通用多协议标签交换

通用多协议标签交换(Generalized Multiprotocol Label Switching，GMPLS)，也称为多协议 λ 交换，是一种为 MPLS 提供增强功能的技术，支持时间、波长和空间交换以及包交换的网络交换。值得一提的是，GMPLS 支持光通信。

IPv6

IP 定义了计算机如何通过网络通信。IPv4 包含超过 40 亿个唯一的 IP 地址，这些地址已于 2011 年 2 月 3 日全部分配到了明确的地理区域。随着互联网转型，组织应采用 IPv6 以支持未来的业务持续、增长和全球扩张。

IPv6 将网络地址位数从(IPv4 中的)32 位扩展到 128 位，为地球上的每个联网设备提供了足够多的全球唯一 IP 地址。IPv6 不仅仅解决了地址问题，还与业务持续和创新有关。IPv6 提供了无限的地址空间，帮助企业能够提供更多、更新的应用程序和服务，同时，还提供了可靠性、改进的用户体验和更高的安全水平。

IPv6 报头格式

IPv4 和 IPv6 报头的并列比较结果显示 IPv6 报头比 IPv4 报头更加精简高效。

IPv6 报头字段

IPv6 报头包含以下字段：

- 版本
- 流量等级
- 流标签

- 有效载荷长度
- 下一个报头
- 跳数限制
- 源地址
- 目的地址

IPv6 地址

IPv6 地址的长度为 128 位，在逻辑上分为网络前缀和主机标识符。网络前缀中的位数由前缀长度表示(如 64)，其余位用于主机标识符。如果未指定 IPv6 地址前缀长度，则默认前缀长度为 64 位。IPv6 地址结构如图 4.11 所示。

每个 IPv6 类型地址都有一个范围，用于描述网络部分中地址唯一的部分。有些 IPv6 地址仅在子网或本地网络中是唯一的(链路本地范围)，有些在专用网络或组织之间是唯一的(单一本地范围)，还有一些是全局唯一的(全局范围)，即互联网无处不在。注意，IPv6 中没有广播地址的概念。一对多地址使用多播地址。

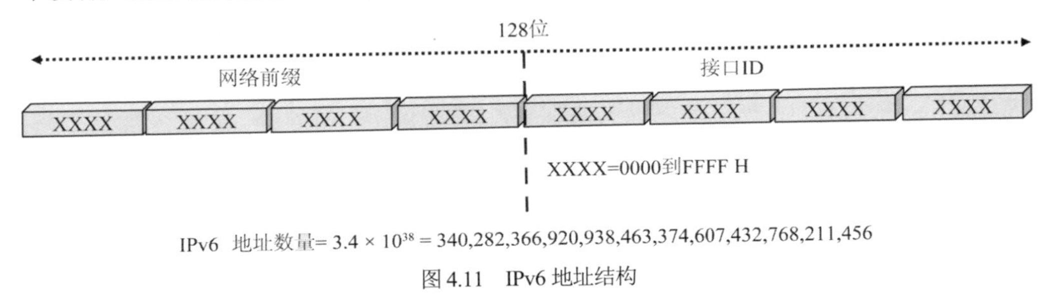

图 4.11 IPv6 地址结构

4.9 数据中心

简而言之，数据中心是企业用于存放关键应用程序和数据的物理设施。数据中心的设计基于计算和存储资源的网络，其中的计算和存储资源用于实现共享的应用程序和数据的交付。数据中心设计的关键组件包括路由器、交换机、防火墙、存储系统、服务器和应用程序交付控制器。现代数据中心与传统数据中心大不相同，基础架构已从传统的本地物理服务器转变为虚拟网络，虚拟网络支持跨物理基础架构池和多云环境的应用程序和工作负载。

在这个时代，数据的存储和连接跨多个数据中心、边界以及公共和私有云。数据中心应能够在本地和云端的多个站点之间通信，甚至公有云也是数据中心的集合。当应用程序托管在云端时，使用云提供商提供的数据中心资源。

数据中心服务通常用于保护数据中心组件的性能和完整性。用于保护数据中心网络安全的设备包括防火墙和入侵防护设备等。

为保证应用程序的性能，服务通过自动故障转移和负载均衡技术为应用程序提供韧性和可用性。

在云计算数据中心中，数据和应用程序由云服务提供商托管，例如，AWS、Azure、IBM 云平台或其他公有云服务提供商。

数据中心设计和数据中心基础架构最普遍采用的标准是 ANSI/TIA-942。ANSI/TIA-942 标准包括 ANSI/TIA-942 就绪认证，并依据冗余和容错评级将数据中心分为四级，ANSI/TIA-942 就绪认证确保数据中心满足其中特定级别的要求。

第一级：基础站点基础架构。第一级数据中心针对物理事件提供有限的保护，具有单一容量组件和单一的非冗余分发路径。

第二级：冗余容量组件站点基础架构。第二级数据中心能够针对物理事故提供更好的保护，具有冗余容量组件和单一的非冗余分发路径。

第三级：同时维护的站点基础架构。第三级数据中心可针对几乎所有物理事故提供保护，并提供冗余容量组件和多个独立分发路径。可在不中断最终用户服务的情况下移除或者更换每个组件。

第四级：容错站点基础架构。第四级数据中心提供最高级别的容错和冗余。冗余容量组件和多个独立的分发路径既允许并发可维护性，也允许任意地方发生一个故障都不会导致停机。

数据中心的类型

可用的数据中心和服务模型有多种类型。数据中心和服务模型的分类取决于是由一个还是多个组织所拥有，以及如何适应(如果适合)其他数据中心的拓扑结构和用于计算和存储的技术，甚至是能源效率。四种主要类型的数据中心如下。

- 企业数据中心：由公司建造、拥有和运营，针对最终用户予以优化。大多数情况下，这种数据中心安置在公司园区之内。
- 服务托管数据中心：代表公司的第三方(或托管服务提供商)管理这一类数据中心。公司将租赁而不是购买设备和基础架构。
- 场地托管数据中心：在场地托管数据中心，公司租用他人拥有的、位于公司场所之外的数据中心内的场地。场地托管数据中心提供的基础架构包括建筑物、冷却系统、宽带、安全等，而公司提供和管理的组件包括服务器、存储和防火墙。
- 云计算数据中心：在这种场外形式的数据中心中，数据和应用程序由云服务提供商托管，例如，AWS、Azure 或 IBM Cloud。

4.10 数据中心网络

众所周知，数据中心的主要目的是存储、处理和传播来自集中设施的数据。为此，数据中心使用服务器构建，而客户端通过核心和聚合交换机连接到数据中心。另一方面，路由器执行包转发功能。除了管理工作负载之外，数据中心服务器还需要响应客户端请求。典型的数据中心网络由服务器、交换机、路由器、控制器和网关组成，这些设备是数据中心网络基础架构的一部分，如图 4.12 所示。

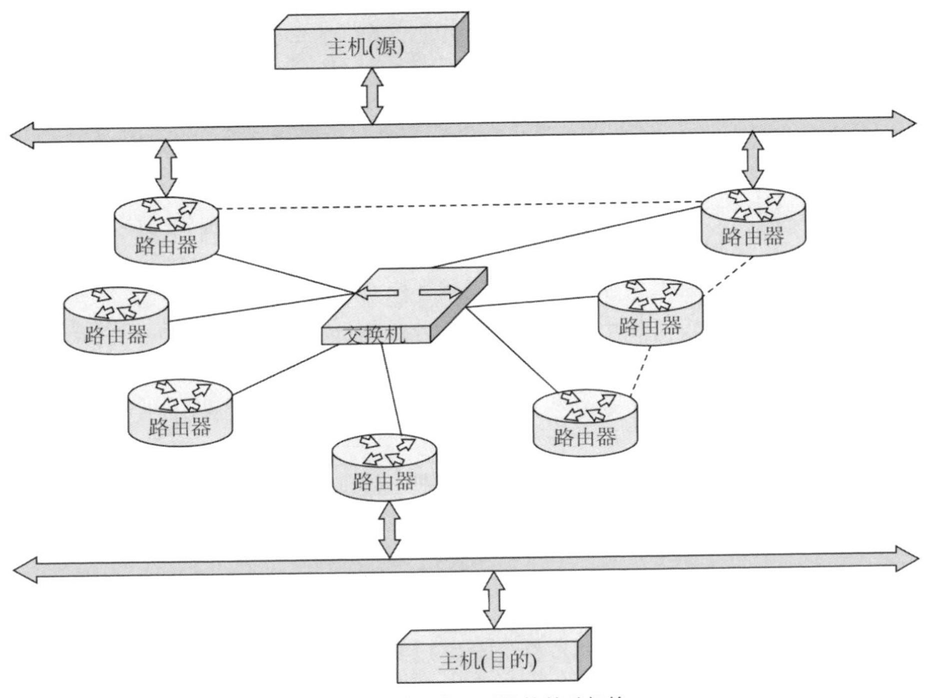

图 4.12 数据中心网络的基础架构

控制器管理网络设备之间的工作流，而网关将数据中心网络连接到互联网或其他广域网。除了遵循 Ethernet 协议，数据中心还采用其他的网络协议，如 VXLAN 和 OpenFlow，以满足可扩展性。

虚拟可扩展局域网(Virtual eXtensible LAN，VXLAN)是数据中心网络中最常用的协议。简而言之，VXLAN 是一种封装协议，用于在现有第 3 层基础架构上运行虚拟化的第 2 层网络。

OpenFlow 是一种可编程网络通信协议，用于管理和路由网络中路由器和交换机之间的流量。实际上，通常认为 OpenFlow 是软件定义网络(Software-defined Network，SDN)协议的第一种形式。服务器使用 OpenFlow 协议指示交换机将数据包发送到哪里，使用 OpenFlow 协议的交换机将数据控制路径与数据路径分开。

4.11 物联网网关

物联网网关是一种实现物联网通信(通常是设备到设备或设备到云端的通信)的解决方案，如图 4.13 所示。

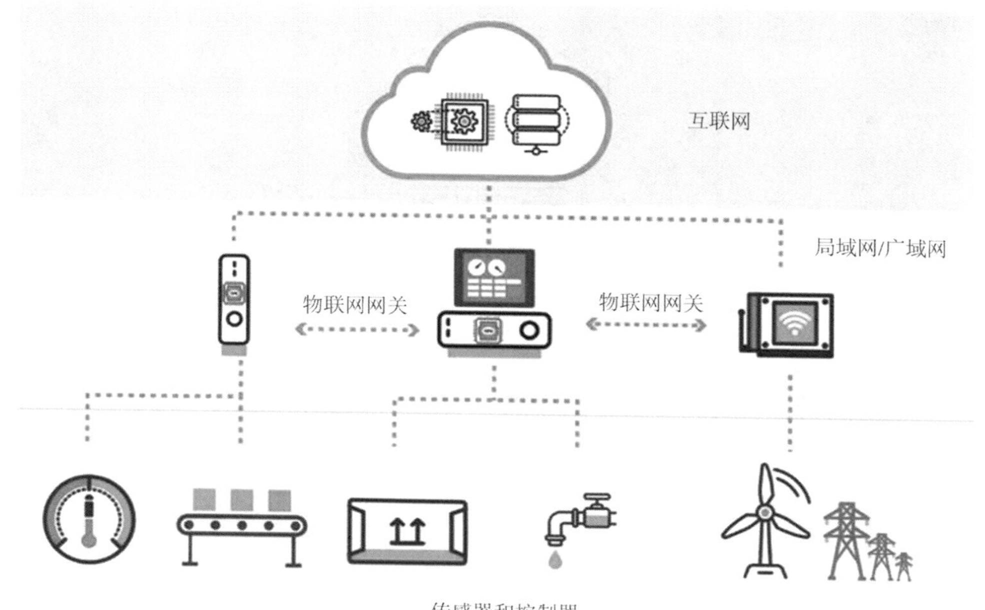

图 4.13　物联网网关(图片来源：网址 4.1)

网关通常是承载完成必要任务的应用程序软件的硬件设备。物联网网关弥合了设备、传感器、设施、系统和云之间的通信差距。通过系统化地连接到云平台，物联网网关提供本地处理和存储，以及基于传感器输入的数据自主控制现场设备的能力。物联网网关还能够帮助用户安全地聚合、处理和过滤数据以便开展分析。物联网网关有助于确保设备和系统生成的联合数据安全地从边缘传输到云平台。

从物联网网关到数据中心的流量

本章讲述了网络、路由、交换以及不同技术的基础知识。那么，对于物联网，这一切是如何结合在一起的呢？当信息已经经过物联网单元时，需要将这些物联网单元通过本地网络连接到物联网网关。连接采用了前几章讨论过的多项不同技术。从物联网网关开始，很可能将是一个 IP 网络。

这个 IP 网络包括物联网网关本身，连接到的可能是接入设备，比如接入路由设备，然后此设备会连接到广域网网络，如图 4.14 所示。广域网网络由通过高速光纤互连的边缘路由器和广域网核心路由器组成。当今的广域网网络通常使用 MPLS 技术构建。

当流量通过广域网时，会从物联网单元穿过物联网网关进入接入路由器，然后找到通往数据中心的路径。数据中心本身连接到广域网网络。通常，数据中心有一台连接到广域网的边界路由器。在数据中心内部，数据中心网络通常采用 CLOS 结构设计。如今，扩展后数据中心的路由结构通常为纯第 3 层的结构。服务器连接到数据中心机架顶部的交换机。数据中心的流量是双向的。服务器上有正在运行的应用程序，这些应用程序用于处理来自各个分布式位置的物联网单元的流量。

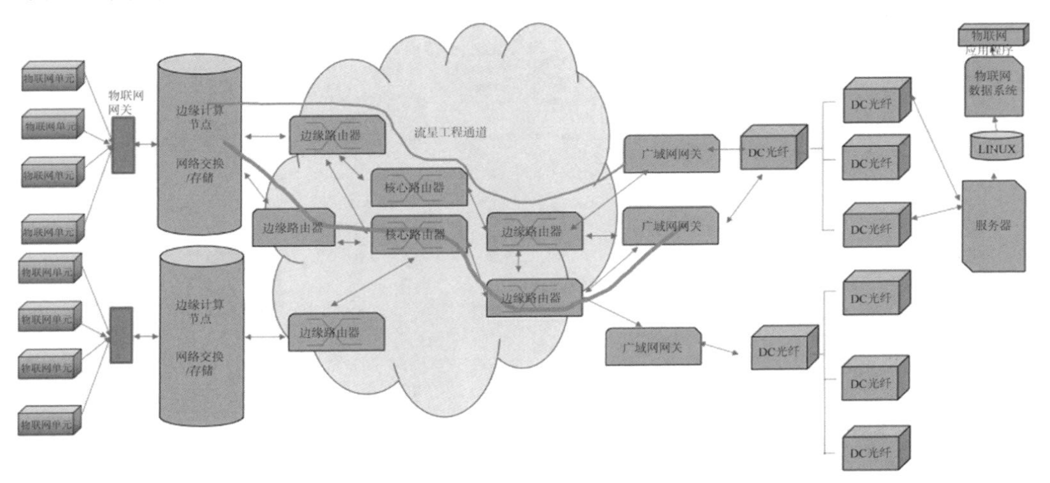

图 4.14 从物联网网关到数据中心的流量

这些应用程序可以是数据系统的一部分，也可以是处理物联网流量的软件，这类软件将结果数据存储在数据系统中供其他应用程序(尤其是分析应用程序)处理。下一章将要讨论数据系统。然而，当谈到网络时，会想到物联网单元和托管在数据中心的应用程序之间的双向流量。现在，广域网中有多种方式能够保证更完善地实现流量剖析，使流量依照物联网单元自身应用程序的需求流动。

某些物联网边缘单元可能有非常低的延迟响应要求。这种情况需要两种不同的方法。边缘计算可能部署在离物联网网关非常近的地方，几乎没有网络延迟，基本上意味着计算、存储和网络都位于非常靠近物联网网关的地方。应用程序部署在边缘一侧的计算、存储和网络基础架构上。这种部署称为边缘计算(Edge Computing)。边缘计算可对来自物联网单元的所有数据执行全部或部分处理，在此过程中，边缘计算可非常快地做出响应。同时，依赖于数据中心的规模，数据仍然将转移回海量数据中心，数据中心可能有更多的处理和存储容量。当流量从物联网网关一直流向数据中心时，可能会部署 TE 隧道。如今，通道是建立在 MPLS TE 或分段路由 TE 之外的。

分段路由是一项有趣的技术，允许流量基于应用程序自身的需要流动或路由。例如，有低延迟需要的应用程序可能拥有通过网络的特定短路径，而需要高带宽弹性连接的应用程序可能拥有互不相交的备份路径，因此，在发生故障时流量可继续流动。

借助网络自动化，可大规模部署 TE。网络至关重要，是物联网的核心。物联网单元是网络的一部分，这些单元彼此连接成网络，然后，这些网络再连接到本质上可能是专用或公共的广域网网络。

4.12 总结

本章是对可能位于边缘设备或大规模数据中心的应用程序，与大量(可能是数以百万计)不同的物联网设备之间的通信如何传播的简要描述。安全专家们可在网络的专业书籍和材料中研究更多细节。第 9 章将介绍使用物联网设备从边缘连接到企业的案例。

第5章 物联网硬件设计基础

本章将介绍物联网硬件设计的基本原理，帮助专家获得足够的知识以设计或选择适合特定应用的物联网单元和控制器。本章将引导专家学习从组件选择到最终电路板启动的硬件设计的各个阶段，并介绍一些商业上可用的物联网系统。

本章的最后一节讲述用于配置物联网组件的常用接口标准。通过学习本章，希望专家能了解设计物联网单元所涉及的硬件设计步骤。

本章还将帮助专家了解在构建物联网解决方案时的硬件选项。

5.1 简介

系统设计人员能够掌握硬件设计的概念，对于理解物联网系统的整体功能而言是至关重要的。在所有既有硬件又有软件的系统中，硬件是系统的骨架，而软件则是系统的灵魂。现在，很多计算都是在网络边缘执行的，因此，有必要为此类应用程序配备所需内存容量的匹配处理器。本章将向专家介绍的概念有助于选择硬件组件。首先，从正确理解系统需求开始。

5.2 硬件系统需求

任何系统设计的第一步都是清楚地列出系统需求，包括硬件和软件功能。需求必须始终与数字化价值链背后的业务目标紧密联系在一起。业务目标转化为价值链的关键绩效指标。硬件有助于实现价值链的数字化，是所有传感器活动、测量、网络和软件系统运行的基础。

硬件系统需求描述了系统的整体愿望清单。系统规范(如图 5.1 所示)有时是在完成概念验证(PoC)后得出的，以确保所述规范是可行的。

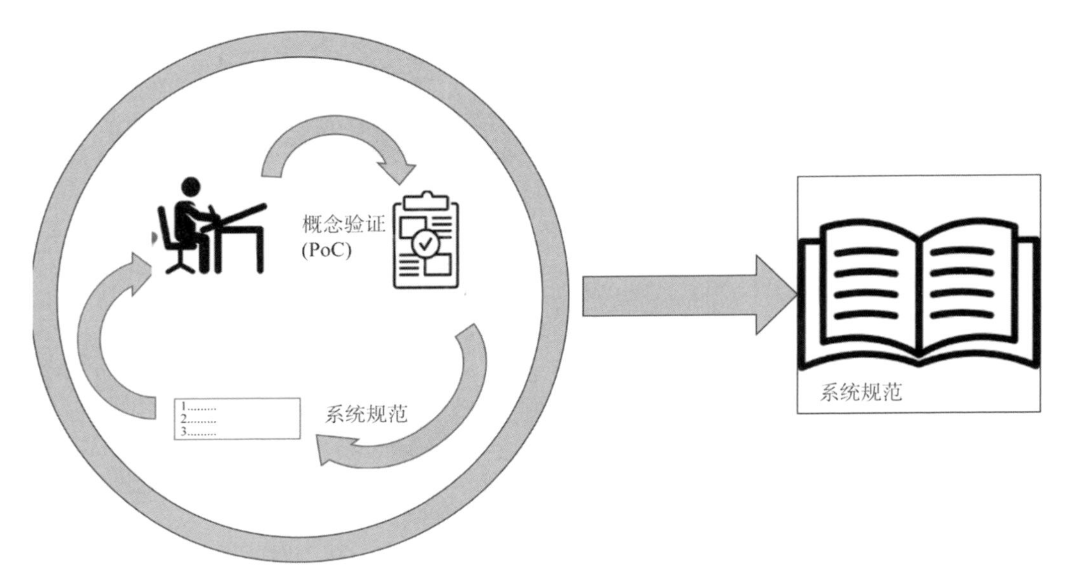

图 5.1 制定系统规范

例如，要设计一个自动温度控制器应用程序，系统规范可能会突出以下几点：

- 系统应测量 20~120°F 范围内的室温
- 系统应显示设定温度，并配备键盘以输入设定温度
- 室温应保持在 70°F
- 如果室温高于或低于设定温度，控制器应打开空调制冷或加热
- 一旦室温达到 70°F，控制器必须关闭空调

上述各点是应在系统规范中提及的要点示例。但是，这些要点必须与目标关联。例如，在本例中，目标可能是令房间的居住者感到舒适的同时节约能源。此外，系统规范还将包括其他细节，如外观以及产品的手感、机械尺寸和其他细节，还将提到系统应在什么电压下工作，如 100~230V 交流电，50 Hz 或 60 Hz 电源频率。

基于系统规范，设计人员需要了解硬件和软件需求。这将产生硬件功能规范(Hardware Functional Specification，HFS)和软件功能规范(Software Functional Specification，SFS)，如图 5.2 所示。

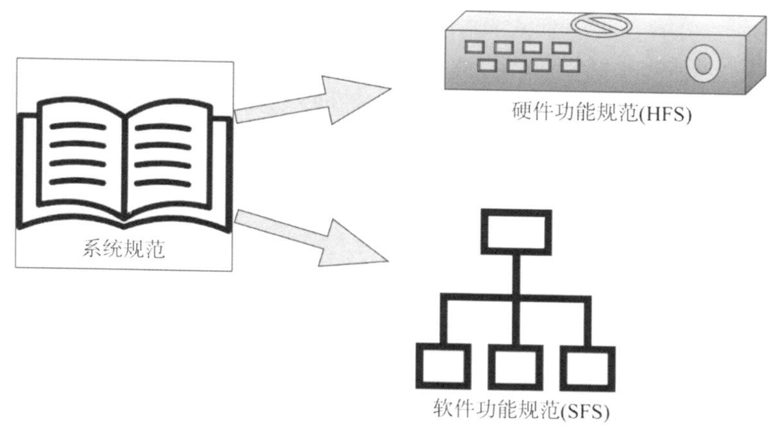

图 5.2　从系统规范导出的 HFS 和 SFS

5.3　硬件功能规范

硬件功能规范源自系统规范。HFS 定义了为满足系统需求中定义的规范而必须实施的设计需求。HFS 将包括整个系统的框图，并详细介绍该框图是如何用硬件组件实现的。这意味着，框图中的每个块将转换成指示所选择各种组件的电路。硬件组件选择部分将单独介绍各种组件。

撰写良好的 HFS 能够为联网系统构建合适的硬件。设计方即使不生产硬件，也需要选择正确的系统。

通常，在 HFS 中特别强调但不限于以下几点。

- 每个模块的组件选择：例如，处理器的选择应基于计算需求，存储器的选择应基于存储需求，选择的电源应基于所需电压和电流或功率需求
- 组件之间的互连，如需要用到的缓冲器，或任何现场可编程器件(Field Programmable Device，FPD)
- 在模块化设计的情况下(即每个模块在单独的硬件模块中实现)，应定义模块之间的互连性，包括要使用的连接器类型
- 用原理图设计重点突出互连设计
- 在芯片布局规范中规定约束条件，如走线轨道宽度和走线宽度，以避免时钟信号偏移所需要的任何特殊布局，或避免串扰而在布局中考虑阻抗匹配
- 印制电路板(Printed Circuit Board，PCB)的规范和限制
- PCB 组装规范和限制
- 可测试性设计(Design for Testability，DFT)和可制造性设计(Design for Manufacturability，DFM)需求
- 设计验证注意事项或需满足的条件
- 需要对产品执行的任何特殊资格测试

- 定义各类中断，以便软件工程师针对硬件中断信号线编写代码
- 选用的各种输入/输出(I/O)线路
- 用于 FPD 的引脚配置，以便软件工程师编写适用的代码
- 系统限制，如温度最大容差、电压和电流

以上几点只是 HFS 涵盖内容的示例。通常，软件工程师可能需要理解 HFS，以编写在硬件上工作的软件代码。

5.4 软件功能规范

软件功能规范也源自系统规范。SFS 包括伪码和/或表示软件流程的流程图。通常，在 SFS 中特别强调但不限于以下几点：

- 从开机开始发生的事件流，包括通电自检(Power On Self-Test，POST)
- 列出所有选项，以对应各种条件得到满足或未满足的情况
- 当选中上述每一选项时，要执行的函数或子程序代码
- 中断处理，包括可屏蔽和不可屏蔽中断
- 为所有事件创建日志文件
- 错误处理
- 发生任何硬件故障时的故障安全条件
- 软件功能研发需求
- 软件功能测试需求
- 单元测试(Unit Testing，UT)和集成测试(Integration Testing，IT)注意事项
- 软件开发工具包(Software Development Kit，SDK)详细信息
- 应用程序界面(Application Program Interface，API)/图形用户界面(Graphical User Interface，GUI)注意事项
- 与其他设备或系统通信时应遵循的通信协议

HFS 是硬件实现计划，而 SFS 是软件实现计划。测试硬件和软件的测试案例基于系统规范编写，以确保符合规定的规范，且产品功能符合定义。

随着通过构建物联网系统数字化关注的价值链，专家们需要明智地规划要部署的硬件。好的硬件是部署软件系统的基础。这些软件是改善系统价值链关键绩效指标的幕后帮手。硬件系统存在局限性将降低与设计更好的硬件系统竞争的能力。

5.5 硬件组件选择

需要为给定的规范正确选择硬件，确保价值链实现数字化，且具有正确的功能、最优的成本以及更低的维护成本，因此有必要在书中包括硬件章节。

对于硬件组件选择，遵循但不限于以下标准。

耐温性

通常，电子器件以下列温度等级制造：

- 商用温度等级(0℃至 70℃)
- 工业温度等级(－40℃至 85℃)
- 军用温度等级(－55℃至 125℃)
- 汽车温度等级(－40℃至 125℃)

应考虑使用物联网设备的物联网应用场景，基于最终应用类型选择相应等级的组件。一定要选择正确的温度等级组件，以避免现场故障。任何给定的半导体器件的安全工作温度即该器件的结温。通常情况下，设备制造商指定设备的结温也就是设备运行时环境温度和功耗的函数。

器件结温=封装环境温度+[功耗×结至环境热阻]

其中，结温 TJ 的单位是℃，环境温度 TA 的单位是℃，功耗 P 的单位是瓦(W)，结至环境热阻 RJ 的单位是℃/W。

例如，假设选择的物联网设备用于监测应用环境，则建议选择在工业温度范围内运行的设备。应保证物联网设备能够承受所有温度条件，包括非常寒冷的天气和非常酷热的天气。换句话说，选择工业温度等级的设备，意味着制造商将指定该器件可承受－40℃至 85℃的温度范围。

温度等级适用于所有有源元件，如包含处理器/存储器、传感器、执行器、有源开关等的集成电路。换句话说，选择任何物联网组件时，应确保为使用物联网设备/系统的应用选择合适的温度等级。

对于室内应用(如家庭自动化物联网设备)，商业温度等级组件可能就足够了。户外应用可在商业级和工业级组件之间选择，以适应环境温度条件。航空航天和军事应用应选择军用级组件。用于设计网联车辆的汽车应用选择汽车级组件。通常，商业级组件更为便宜，而军用级别是最昂贵的。

CPU 选择

后续章节将介绍不同物联网应用中使用的各种传感器和执行器，而这里将重点介绍中央处理器(Central Processing Unit，CPU)和常规组件选择。

回顾第 1 章介绍的物联网单元。物联网单元将具有输入传感器、输出执行器和关联存储器的 CPU。目前，大多数应用程序都在边缘设备上运行，所以，为给定的应用选择合适的处理器很重要。以下是在选择处理器或微控制器时考虑的部分标准：

- 处理器中的内核和线程数量
- 处理器速度(频率)
- 高速缓存板载处理器
- 功耗
- 处理器/FPD 中的 I/O 线数量

在早期，所有的处理器都只有一个内核。如今单核处理器已经很少见，大多数处理器都具有多核。处理器可从双核(两个核心)到八核。图 5.3 展示了四核处理器。

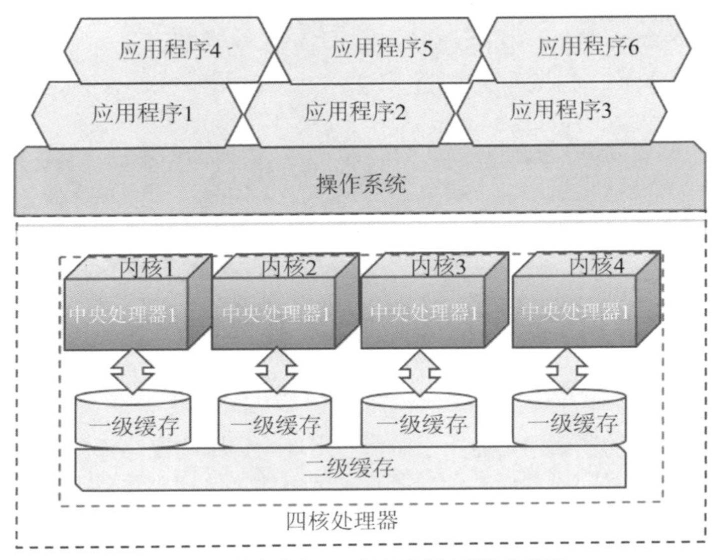

图 5.3　具有独立 L1 高速缓存的四核处理器

为了理解多核概念，假设每个内核都是一个独立的 CPU，具有自己的系统总线和板载高速缓存。在单核处理器中，一个 CPU 处理所有数据。在多核处理器中，一个任务拆分为多个任务，每个内核或每个内置 CPU 处理一个任务，所有任务都是并行执行的。因此，总体任务的完成速度比单个核心执行快得多。换句话说，多核处理器允许并行处理，因此总体处理时间快得多。编写操作系统和软件支持并有效地使用多核处理器也很重要。

虽然 CPU 中的内核决定了 CPU 可处理多少个线程的信息，但 CPU 中的线程技术将决定一个 CPU 可以处理多少数据。多线程或超线程(英特尔专有)允许在每个内核上运行多个线程。显然，超线程提供了更好的并行性，因此，可在给定的时间内完成更多的计算，从而使得处理器更快。

CPU 的工作频率或时钟周期决定了 CPU 的运行速度。操作频率越高，处理器的速度越快，但随着时间的推移，功耗也将增加。功耗增加将需要更大的带有风扇的散热器冷却处理器。可穿戴或手持物联网设备在选择处理器时，考虑功耗和散热器非常重要(见图 5.4)。

图 5.4　英特尔 CPU 散热器和风扇(由英特尔技术公司提供)

高速缓存是 CPU 用来临时存储数据的高速暂存存储器。通常，高速缓存访问速度非常快，因为高速缓存是板载 CPU。显然，如果高速缓存容量更高，则可存储更多的数据，以实现更快地访问速度，从而提高处理器的整体工作效率和计算速度。

功耗是为物联网应用场景选择处理器时需要考虑的一个重要因素。如果功耗很高，则设备需要包括板载风扇在内的更强的冷却机制。冷却机制不仅增加了物联网区域或物联网设备的重量，同时也增加了物联网设备的成本和物理尺寸。例如，考虑为可穿戴相机等可穿戴物联网设备选择处理器，板载处理器执行图像压缩计算时，考虑器件的热效应和物理尺寸非常重要。较高的散热将使物联网设备在佩戴时面临挑战。在这种情况下，显而易见应选择微控制器或 FPD，如现场可编程逻辑门阵列(Field Programmable Gate Array，FPGA)或复杂可编程逻辑器件(Complex Programmable Logic Device，CPLD)。定制应用使用 FPGA 或 CPLD 更容易，不仅能够使物联网设备更加紧凑，且价格更加低廉。图 5.5 展示了一些适合商用物联网的 CPLD/FPGA 器件示例。

专家在选择处理器、微控制器或 FPD 时，还需要考虑所需的 I/O 线数。基于给定的物联网应用场景，有时可能需要数量更多的 I/O 线连接传感器和执行器。有时 I/O 线数会成为选择正确处理器/微控制器或 FPD 的决定性因素。处理器和 FPD 有多种外形规格和封装。物联网产品和物联网应用场景的规模在选择处理器或 FPD 时起着重要作用。

图 5.5 一些商用 CPLD/FPGA 器件示例

为选择合适的 FPD(如 FPGA 或 CPLD)，请考虑实现定制逻辑所需的门数量。建议选择设备时，最多使用 70%的资源，预留 30%资源缓冲，以便将来升级或按需替换。基于使用的 FPD 平台(如 Xilinx、Altera、Lattice 或 ACTLE)，每个平台都有自己的模拟和合成工具。在 FPD 中实现所需的整个逻辑可以通过编写 VHDL 或 Verilog 代码仿真，然后通过目标设备实现。例如，如果物联网应用场景是一个可穿戴相机，需要压缩板载图像，则图像压缩算法可(使用 VHDL 或 Verilog)仿真，并且可通过选择目标设备合成。

对于体积较小的物联网设备，使用 FPGA 或 CPLD 更容易。一些半导体公司提供预编程的 FPD，通常称为专用标准产品(Application-Specific Standard Product，ASSP)，ASSP 与 ASIC 不同。

高速缓存通常内置于单片微处理器或微控制器之上。由于是内置在芯片上的，因此，与访问处理器外部的存储设备相比，高速缓存通常读写访问时间很短。由于访问时间较短，读/写操作的速度就快得多。高速缓存通常是静态 RAM(Static RAM，SRAM)。高速缓存充当 CPU 和 RAM 之间的缓冲器，其中，RAM 位于处理器的外面。CPU 通常存储最近访问的数据。执行周期包括获取、解码和执行操作。指令和数据从内存中获取，在处理器内部解码，然后执行指令。如果指令涉及从外部存储器读取数据，则需要的执行时间更长，此时就需要高速缓存发挥作用。指令和数据预取并存储在缓存中，因此每个时钟周期可以执行一条指令。此操作可提高处理器速度。一般，有三种不同的片上处理器内置高速缓存类别：

- 一级缓存
- 二级缓存
- 三级缓存

通常，高速缓存的范围为 8KB 到 64KB。选择处理器或微处理器时，应基于物联网应用场景选择具有足够高速缓存的设备。例如，如果需要在物联网设备上处理图像，这个过程涉及多个计算，就需要选择具有更高缓存的处理器，以实现更快的操作。可参考计算机架构书籍，掌握有关缓存管理的更多信息，缓存管理超出了本书的范围。

在物联网系统中，不同点部署适量的 CPU(核心、频率)、内存、存储和网络容量非常重要。如前所述，数据在整个物联网系统中生成并分析，拥有适量的容量能够帮助设计方以最优的点位构建正确的功能。

大多数电子元件(如图 5.6 所示)提供不同的外形规格。通常，功耗限制了电子部件的最小尺寸。虽然大多数集成电路是表面贴装器件(Surface-Mount Device，SMD)，但电阻、电容、电感和连接器等分立元件都有表面贴装和插入式两种封装。对于产品的微型尺寸很敏感的物联网应用场景，请始终选择 SMD 器件。

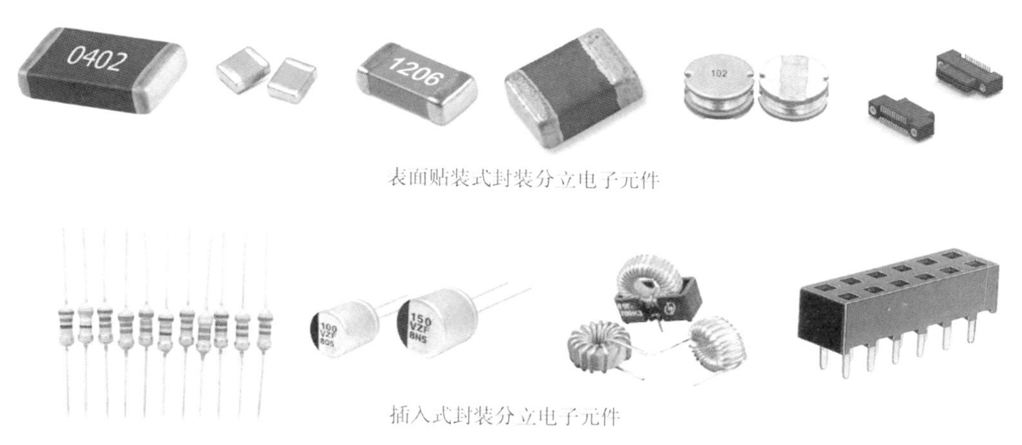

图 5.6　分立电子元件的各种选择

SMD 器件节省空间，通常占用空间小，但 SMD 器件的组装需要在工作实验室使用特殊的技能安装/卸载。

5.6　可制造性设计

物联网应用场景的性质决定了应选择什么样的组件。可穿戴物联网设备或小型物联网设备请选择 SMD。设计人员还需谨记，SMD 元件的成本高于插入式元件。物联网设备的大规模生产通常需要考虑计划执行生产的电子制造服务公司的能力。EMS 公司应具备大规模零误差生产 SMD 元件的能力。这些考虑因素称为可制造性设计(Design For Manufacturability，DFM)。设计人员将设计产品，使设计的产品在打算使用的 EMS 设施中可制造。在后续章节介绍 PCB 制造时，将重新讨论 DFM 概念。

5.7 可测试性设计

可测试性是设计任何电子产品时都要考虑的重要概念，特别是在电子产品需要大规模生产时。在设计阶段就应该考虑到产品的可测试性，以便产品在生产线上可测试。这种使产品完全可测试的方法称为可测试性设计(Design For Testability，DFT)。

在选择处理器或微控制器或 FPD 时，建议选择符合联合测试行动组(Joint Test Action Group，JTAG)标准的器件。JTAG 标准由 IEEE 采用，这些标准也称作边界扫描标准或 IEEE 1149.1。通常，目前可用的大多数 ASIC、处理器或微控制器或 FPD 都符合 JTAG 标准。任何符合 JTAG 的设备都具有如图 5.7 所示的 4 个或 5 个专用引脚。JTAG 标准仅支持数字设备：

- 测试数据输入(TDI)
- 测试数据输出(TDO)
- 测试模式选择(TMS)
- 测试时钟(TCK)
- 测试复位(TRST)可选引脚/信号

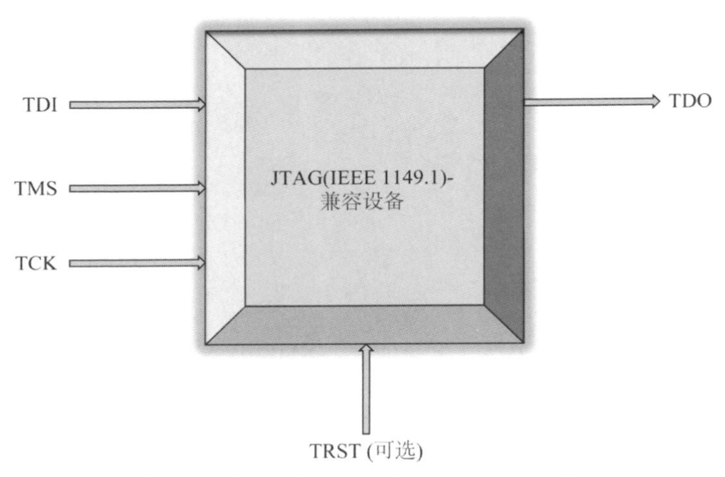

图 5.7 具有专用 JTAG 引脚的 JTAG 兼容器件

JTAG 兼容器件的每个 I/O 线都连接一个边界扫描单元，所有这些边界扫描单元将连接到测试访问端口(Test Access Port，TAP)，TAP 是一种同步时序电路。边界扫描单元由 2:1 多路复用器和 D 型触发器(如图 5.8 所示)组成。

兼容边界扫描器件可以通过(断言 TMS 信号)启用测试模式，向测试输入信号发送二进制测试序列(名为测试矢量)，并在施加 TCK 时检查 TDO 的输出以测试设备。换句话说，当 TMS 被断言时，测试矢量以 TCK 的速率从 TDI 传递到 TDO。测试模式不仅可测试设备，还可测试整个电路。市场上有许多边界扫描工具，如 Corelis、Intellitech、Goepel 和 Asset Intertech，这些边界扫描工具将生成测试矢量，并加载到主板以执行测试和检测故障。

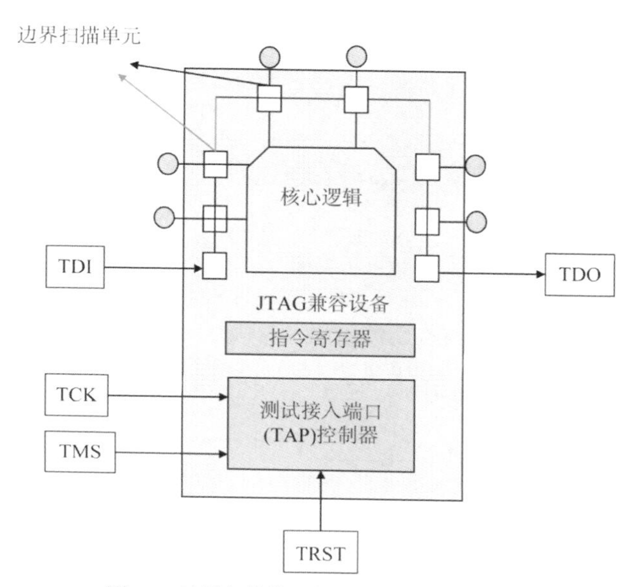

图 5.8　边界扫描单元和测试访问端口控制器

边界扫描端口不仅允许测试设备，还允许通过应用软件单步调试设备。名为 JTAG 仿真器的工具允许通过 JTAG 信号与设备对话。指令可在单步模式下发出去，并在执行每条指令后观察输出。这种操作在完成初始电路板调试的过程中非常有用。

强烈建议选择边界扫描器或 JTAG 兼容器件，以便对主板执行结构测试。边界扫描端口还允许对器件编程。一些器件允许系统内编程(In-System Programming，ISP)允许设备在系统状态下更新或升级映像(无须将器件从电路板上脱焊/移除)。如果一块电路板上有多个 JTAG 器件，这些器件可连接成菊花链配置，以增加测试覆盖范围。菊花链配置可对任何设备编程(如图 5.9 所示)。

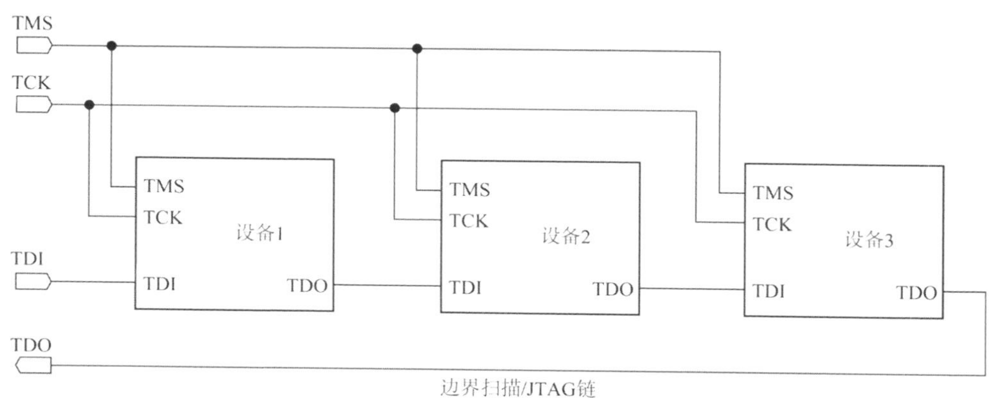

图 5.9　JTAG 链

商用边界扫描工具允许用户执行测试覆盖率程序代码，并在设计中做出修改，有效地提高了测试覆盖率。

这种方法名为DFT。专家可参考多个商用JTAG工具来实现DFT。

5.8 原理图、布局和Gerber

元件选定后，下一步设计就是绘制显示组件之间互连的电路图，这种电路图被称为原理图。原理图是使用商用化电子设计自动化(Electronic Design Automation，EDA)工具(如Concept HDL或OrCAD)使用组件库绘制的。原理图显示了系统所有组件之间的完整互连。原理图的一部分如图5.10所示。

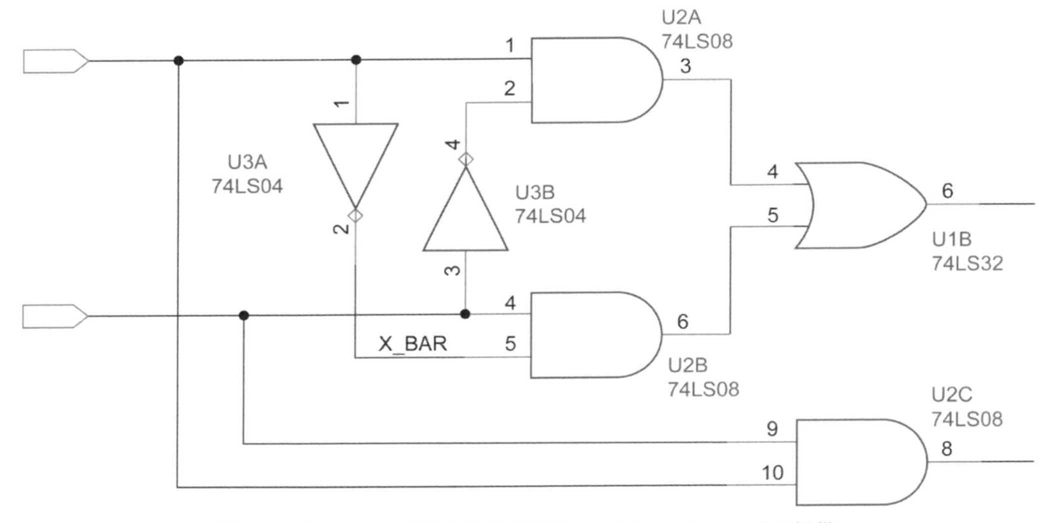

图5.10 在OrCAD工具中构建原理图(由Cadence Design公司提供)

从原理图(较大的设计通常长达数百页)中可生成网表。网表是组件之间互连的ASCII表示。

在验证网表没有丢失电性连接，且确保满足每个组件的所有设计考虑后，下一步是开发PCB布局。PCB布局是使用EDA工具(如Cadence Allegro)开发的，EDA工具将网表作为输入，并基于网表对所有信号路由。绘制布局时，要满足各种设计考虑或约束。例如，为了满足所需的载流能力，定义所需的轨道宽度。在设计布局时，有各种广泛遵循的标准，如互连和封装协会(Interconnecting and Packaging，IPC)标准。PCB的一部分布局如图5.11所示。

在设计布局时，需要考虑PCB制造厂的能力。PCB制造公司将定义自身的设计限制，如可以制造的最小走线宽度，这也是前面讨论过的DFM的一部分。布局设计人员必须遵循制造厂提供的DFM指导线。

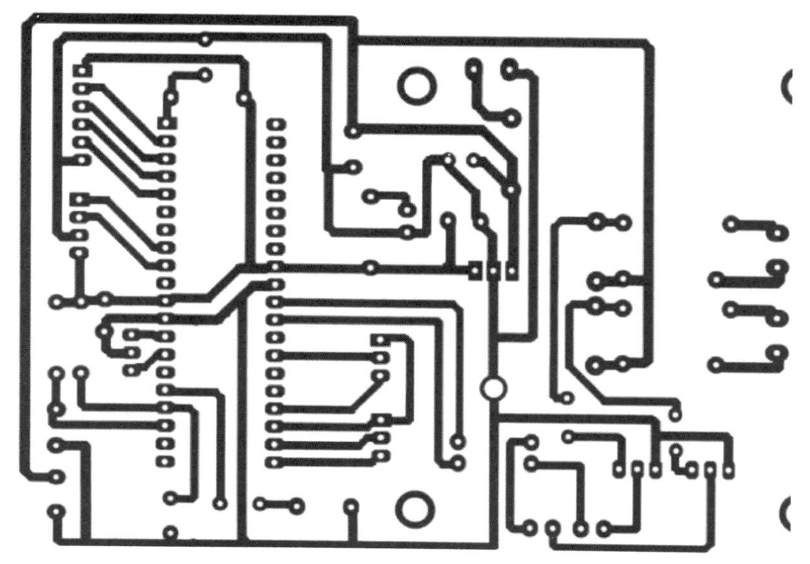

图 5.11　PCB 布局示例

生成 PCB 布局文件后，使用同样的 EDA 工具可生成 Gerber 文件。Gerber 文件格式是 PCB 制造商使用的事实标准。Gerber 文件还包括每个组件和连接性的 *X-Y* 坐标文件。这些 *X-Y* 坐标文件随后将在 PCB 组装中由 SMT 上的机械臂使用。Gerber 文件的一部分如图 5.12 所示。

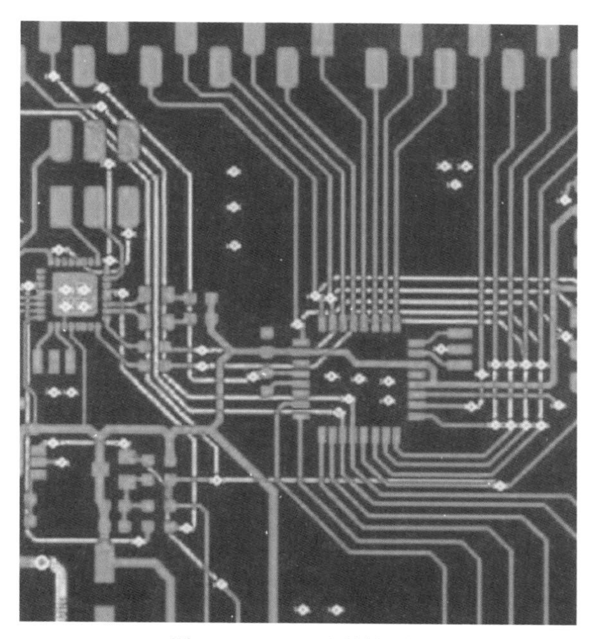

图 5.12　Gerber 文件的示例

5.9　PCB 制造和组装

PCB 制造商使用 Gerber 文件实现 PCB 制造。在制造 PCB 时，要把 Gerber 文件投影在铜覆层上，蚀刻(清洗)掉不需要的部分，仅保留管脚焊垫及连接线，从而形成 PCB。PCB 示例如图 5.13 所示。

图 5.13　印制电路板(PCB)示例

之后，将 PCB 送到装配间装配部件。如果部件数量少于 100 个，且没有微型元件，则电路组装可由技术人员手动完成。但如果部件的数量超过 100 个，通常会使用 SMT 上的机械臂组装 PCB。组装好的 PCB 称为印制电路板组件(Printed Circuit Board Assembly，PCBA)。PCBA 的一个例子如图 5.14 所示。

下一步将为 PCBA 加电并测试功能，以满足系统规范中定义的需求。

图 5.14　印制电路板组件(PCBA)示例

5.10　硬件设计流程总结

本书中介绍的概念可能不足以让设计人员设计一个电子系统，但足够让专家了解和洞察硬件系统设计中涉及的从系统规范到 PCBA 测试的步骤。步骤如图 5.15 所示。

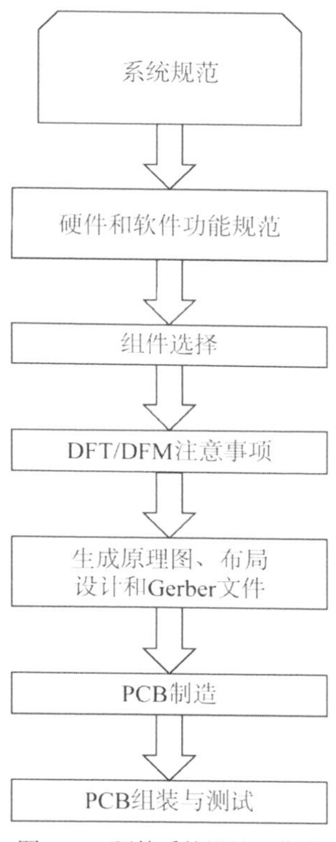

图 5.15　硬件系统设计工作流

5.11　将学习内容应用于互联车辆使用案例

假设需要设计一个物联网设备，该设备可以安装在仪表板上，捕获连续视频并传输到云服务器。市面上有一种名为 Dash Cams 的行车记录仪可以记录视频。Dash Cams 视觉系统有两个摄像头，一个安装在前仪表板上，另一个在车辆的后部。Dash Cams 视觉系统不仅有助于记录车辆行程，而且还可在需要查看的情况下作为辅助证据。本节将逐步完成设计可安装在联网车辆上的视觉系统所涉及的步骤。

5.11.1 系统规范

设计一种视觉系统，Dash Cams 系统可安装在汽车的前部和后部，用于连续捕获视频帧并将其传输到云服务器存储。视频也将存储在本地存储器，以便在信息娱乐屏幕上播放。视觉系统应使用尽可能小的功率(不超过 5W)，且外形尺寸不应超过 20mm×20mm。

从上述系统规范可以推导出 HFS 和 SFS。

5.11.2 硬件功能规范

需要一个图像传感器来捕捉视频帧。图像传感器将通过 CPU 配置，CPU 从信息娱乐系统接收配置指令。应配备两个图像传感器，一个安装在前仪表板上，另一个安装在车辆后部。即使在没有可见光的情况下，图像传感器也应在白天和夜间条件下工作。车辆上应该有足够的非易失性存储器用以存储捕获的视频。内存处于循环缓冲模式，即内存满时，视频从第一个位置开始存储，覆盖以前的数据。缓冲区的长度决定能够保存多少数据。由于系统规范说明规定功率应小于 5W，需要选择在低电压下工作且消耗相当低电流的元件，因此总功耗将更小。硬件框图如图 5.16 所示，该图源自 HFS。

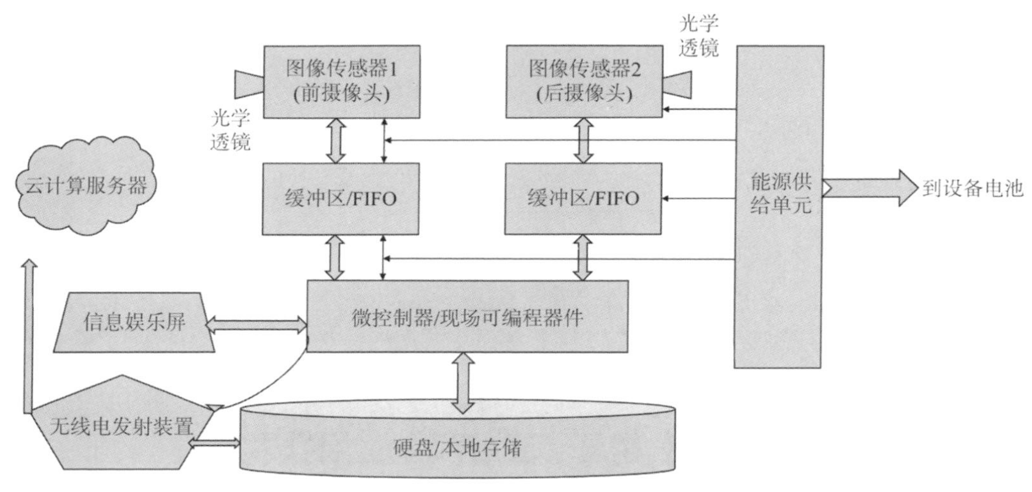

图 5.16 源自 HFS 的硬件框图

5.11.3 软件功能规范

SFS 可以显示为流程图，指示从加电开始要遵循的事件序列。有许多方法可以编写伪代码或流程图，图 5.17 展示了其中一个示例。

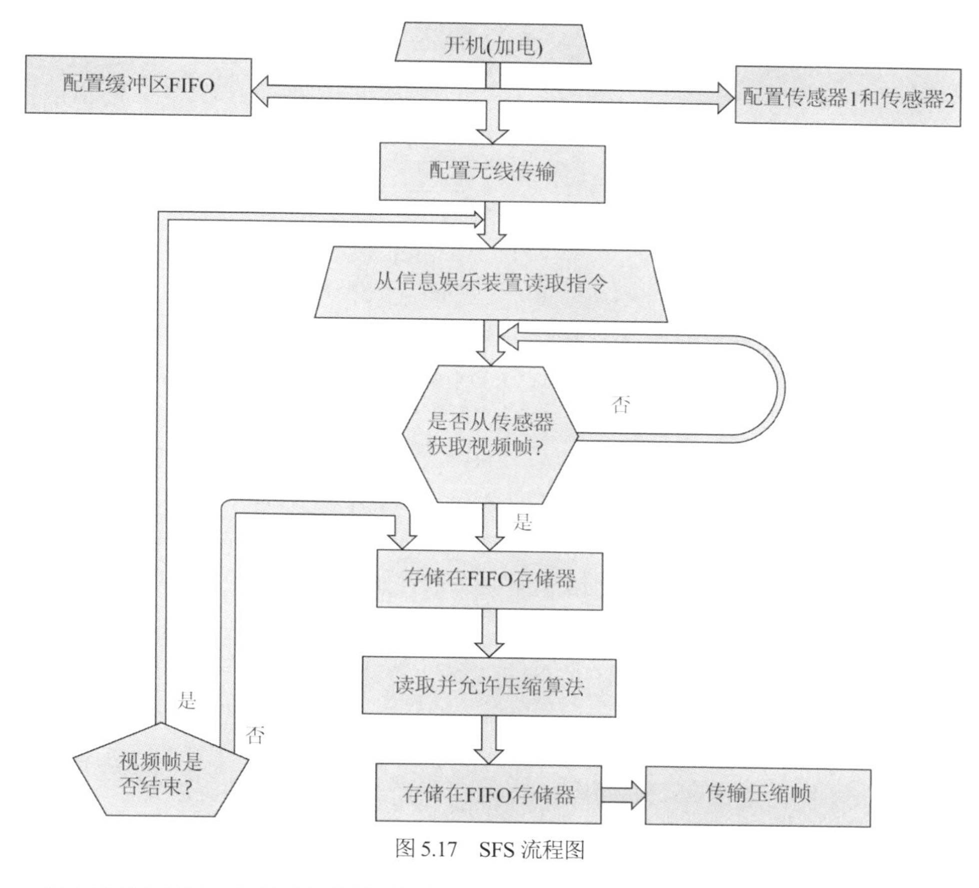

图 5.17　SFS 流程图

SFS 描述了从加电到采集图像并将其传输到云服务器应遵循的软件步骤。物联网视觉系统的所有指令都通过信息娱乐屏幕向用户提供。运行软件所需的应用程序安装在信息娱乐设备上。例如，如果信息娱乐设备是一个基于安卓的单元，那么需要为视觉系统编写安卓应用。信息娱乐屏幕中的 GUI 可能看起来与图 5.18 所示的 GUI 类似，软件的研发满足规范和 SFS 概述的需求。

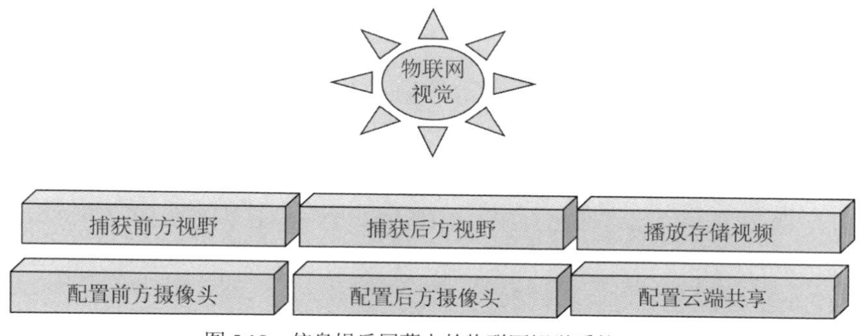

图 5.18　信息娱乐屏幕上的物联网视觉系统 GUI

5.11.4 组件选择

不仅是物联网，组件选择在设计任何产品时都起着重要作用。对于所考虑的用途，组件选择如下：

(1) 一种选择是选择可连接到信息娱乐系统的商用摄像头；另一种选项是选择组件并设计系统。对于概念验证和快速演示，建议选择市面现成的产品。需要注意符合硬件和系统规范。

(2) 选择 CCD 图像传感器，因为 CCD 传感器可以看到夜间人类看不见的景物。但是 CCD 传感器的优势不如 CMOS 传感器。CCD 图像传感器超出了本书的范围，因此不会在本书中详细讨论。

(3) 选择可用作中央处理器的 FPGA。FPGA 不仅可以为配置图像传感器编程，还可用于实现图像压缩算法。选择 EEPROM 设备存储 FPGA 映像。EEPROM 设备通常允许更新其映像，同时在系统中运行而无须从主板上移除。这样的设备称为 ISP 设备。

(4) 选择闪存/SDRAM 作为临时存储，选择硅存储设备(SSD)用于视频的非易失性存储。缓冲区/FIFO(先进先出存储器)可以在 FPGA/CPLD 上实现。

(5) 所有模块都连接到电压调节器装置，电压调节器装置又从车辆蓄电池获取电力。

(6) 为包括图像传感器在内所有组件选择工业级温度，因为系统必须在任何天气条件下都能稳定工作。

(7) 为系统选择合适的安装和外壳。

(8) 图像传感器通过 FPGA 配置。通常，传感器通过 I2C 总线连接。I2C 协议将在的后续章节解释。

(9) 为图像传感器选择合适的镜头。

通常，大多数电子元件和物联网单元(传感器、执行器、FPD 等)都可在线订购。有多个在线供应商销售各种电子元件。例如，得捷电子(见网址 5.1)，贸泽电子(见网址 5.2)、e络盟(见网址 5.3)和纽瓦克电子(见网址 5.4)。

5.11.5 物联网视觉系统

视觉系统的框图看起来与 HFS 中解释的相同(见图 5.16)。传感器安装在车辆前面和后面的适当位置。天线安装在车辆外面，通常靠近后面或前面的角落。需要确保传感器和从中央电池中获取电压的线路完好。

从信息娱乐设备运行软件应用程序，如图 5.18 所示。视觉系统除了将持续捕捉视频并将其存储在内存中之外，还会把视频传输到云端。视觉系统通过存储在信息娱乐设备中的应用程序所控制。

5.12　商用物联网设备示例

本节将展示一些关于各种应用的商用物联网设备的信息。

5.12.1　家庭自动化应用

Google 家庭语音控制器

Google 家庭语音控制器(如图 5.19 所示)是一种智能物联网设备，允许用户享受媒体、警报、灯光、恒温器、音量控制等功能。通过语言召唤，语音控制器就像一个随叫随到的小型个人助理，让日常工作变得更轻松。

图 5.19　Google 家庭语音控制器

其主要功能如下：

- 播放流行流媒体服务中的音乐
- 家用声控 Wi-Fi 扬声器
- 提问、设置每日提醒或获取新闻更新
- 个性化设置，最多可支持 6 位用户
- 控制家中的其他智能设备
- 与内置 Chromecast 的智能电视兼容

这种物联网设备可在许多在线门户网站购买。

Amazon Echo Plus 语音控制器

Amazon Echo Plus 语音控制器(如图 5.20 所示)是一款广受欢迎且可靠的物联网设备。Echo Plus 语音控制器能够完成播放歌曲、拨打电话、设置定时器和闹钟、回答问题、提供信息、查看天气、管理待办事项和购物清单、管理家居设备等事情。

图 5.20 Amazon Echo Plus 语音控制器

Amazon Echo Plus 配备高级扬声器，可提供强大的 360° 音效，并内置 ZigBee 智能家居集线器和温度传感器。可以让语音控制器中内置的声控助手 Alexa 播放音乐，回答问题、打电话，并提供有关新闻、体育比分、天气等方面的信息。有了内置集线器，启动智能家居变得很容易，只需打开兼容产品的电源，然后说："Alexa，发现我的设备。" Alexa 将自动检测并设置设备。因此，可以通过语音控制灯光、插头等。这个简单的设置过程可与数十种使用 ZigBee 的兼容设备配合使用。Echo Plus 还支持使用 Alexa 设备的工作。如果 Echo 设备检测到烟雾警报、一氧化碳警报或玻璃碎裂的声音，还可以启用 Alexa Guard 获取智能警报。

其主要功能如下：

- 可以播放歌曲，并连接到外部扬声器或耳机
- 能够通过语音命令拨打电话和发送信息
- 有 6~7 个麦克风，技术规格良好，提供降噪功能，能够从四面八方听到用户的声音，即使当时在播放歌曲
- 可控制兼容的智能家居设备，包括电灯、插头等

Amazon Dash 按钮

Amazon Dash 按钮(如图 5.21 所示)是一款简单的单键按钮，可以挂在房子的任何地

方。当 Dash 按钮连接到 Wi-Fi 网络并被按下时，会发出命令订购来自 Amazon 的单一常见库存商品。

Amazon Dash 按钮基本上是一种通过互联网 Wi-Fi 连接的设备，用于确保用户不会缺少重要的家庭用品，如软饮料、食品原料、医疗和个人护理、儿童和宠物用品。

图 5.21　Amazon Dash 按钮

其主要功能如下：

- 允许用户快速订购产品，无须再次调用消息，也有助于减少用户搜索所需的产品的时间
- 允许用户再次订购流行品牌
- 如果之前的订单未完成，则不接受新订单，除非用户允许同时产生多个订单
- 一款合适而可靠的物联网产品，旨在使用户的生活方式简单而轻松

5.12.2　监测装置

August 门铃摄像头

August 门铃摄像头(如图 5.22 所示)是物联网创新的经典范例。设备内部的物联网单元基于接近传感器的输出捕获图像，并将数据发送到云端存储。August 门铃摄像头固定在需要监测的门的正面。只要按下门铃或来访方站在门铃附近，移动应用程序就会提示用户有访客，并允许用户从任何远程位置应答(只要用户连接到互联网)。August 门铃摄像头不断检查门，并捕捉门口的运动变化。

图 5.22 August 门铃摄像头

其主要功能如下：

- 门铃摄像头与所有 August 智能锁配对，让客人能够轻松进入主人的家。使用手机上的 August Lock 应用程序，可远程锁门或者解锁
- 集成泛光灯可提供清晰、高清视频，甚至是全彩视频。与红外摄像机图像不同，夜视也将是清晰的
- 会持续监测门口，并对到达门口的活动发出警报。可以调节接近传感器的灵敏度以避免误报警
- 监测应用程序允许录制视频并存储在云端，可以从任何地方访问

这是创新的物联网应用场景之一。类似的应用程序可用于不同的使用情形。

BitDefender BOX 物联网安全解决方案

BitDefender Box 是面向互联家庭的创新安全中心，可保护所有数字生活中的互联网连接设备，无论是在家里还是在路上。BitDefender Box 为计算机、智能手机、平板电脑和婴儿显示器、游戏机、智能电视以及家庭中连接的所有设备提供完整、多层次的网络安全。BitDefender Box 允许用户通过单个应用程序控制所有连接的设备，采用机器学习算法和入侵防御系统获取新的威胁和不安全行为，保证智能家居的安全。BitDefender Box 就是智能家居网络安全中心，可防止各种互联网连接设备受到恶意软件攻击、口令窃取、身份盗窃、间谍活动等攻击。

Ring 门铃

Ring 门铃是一款可靠的物联网产品，允许用户使用智能手机从任何地方开门。

5.13　硬件组件配置使用的标准

本节简要汇总了用于从处理器或可编程设备配置物联网设备的重要标准。使用不同应用时，应配置传感器/执行器。以下是一些示例协议，这些协议普遍用作连接物联网单元的接口机制。这些协议不仅用于配置，还用于从传感器/执行器获取数据。

I2C 标准

I2C 标准被称为内部 IC 或 I2C 或 I2C 通信。I2C 总线由 Philips 公司在 20 世纪 80 年代早期设计，目的是允许在同一块电路板上的组件之间轻松通信。最初的通信速度定义为最高 100 kb/s，因为那时大部分应用程序不需要更快的传输速度。如果需要更快的传输速度，还有一个 400 kb/s 的快速模式，1998 年开始有高速 5.4 Mb/s 选项可用。I2C 标准的主要特点如下：

- 只需要两条总线
- 没有像 RS232 那样严格的波特率需求，主机生成总线时钟
- 所有组件之间存在简单的主/从关系
- 连接到总线的每个设备都可通过唯一地址执行软件寻址
- I2C 是一种真正的多主机总线，提供仲裁和冲突检测

I2C 总线通过 SDA 和 SCL 传输数据和时钟。首先要认识到：SDA 和 SCL 是开漏电路(在 TTL 世界中也称为集电极开路)，即 I2C 主从器件只能将这些线路以低电平驱动或使其保持开路。如果没有 I2C 器件下拉线路，终端电阻 RP 将线路上拉至 VCC。这将允许多个 I2C 主机并发操作(如果它们支持多主机)或扩展(从机可以通过限制 SCL 降低通信速度)。

I2C 传输的第一个字节包含从机地址和数据方向。从机地址长度为 7 位，后跟方向位。与所有数据字节一样，传输地址时，首先传输最高有效位。图 5.23 展示了 I2C 信号。

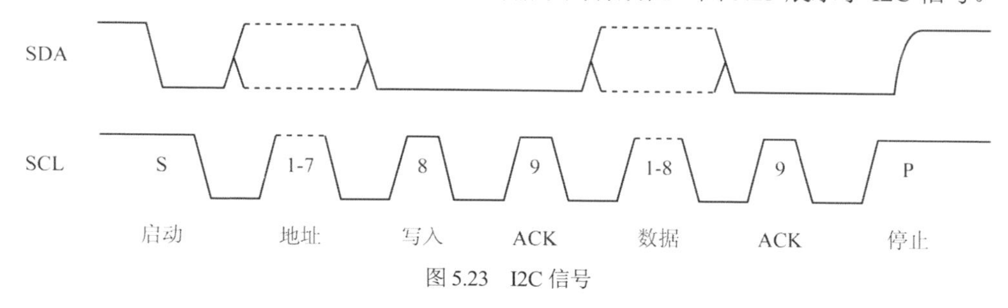

图 5.23　I2C 信号

7 位地址空间理论上允许 128 个 I2C 地址，然而，一些地址是为特殊目的保留的。因此，7 位地址方案只有 112 个可用地址。以下是几点 I2C 接口注意事项：

- I2C 接口不应仅包括与 PC 并行端口的连线。这种方法可能会对 PC 或笔记本电脑造成损坏，而且不是很可靠
- 如果打算将该接口与另一个 I2C 主机同时使用，应选择多主机接口，以避免总线上的仲裁冲突
- 选择的接口应能够以与其他 I2C 器件相同的速度运行
- 如果有使用微控制器实现的从机，或者如果从机设备需要时钟延长，则需要确保接口支持从机
- 选择具有用户界面和编程 API 的接口，可轻松使用和支持该接口
- 如果可能，USB 接口比插卡方式更可取。USB 接口将减少 I2C 总线上所需的额外电缆长度
- 应选择能够提供可靠支持和长期市场承诺的供应商。由于操作系统会不时发生变化，因此需要升级以使用新版本

串行外设接口

串行外设接口(Serial Peripheral Interface，SPI)是微控制器和接口电路(如传感器、ADC、DAC、移位寄存器、SRAM 等)之间最广泛使用的接口之一。本节将简要介绍 SPI 接口，然后介绍模拟设备的 SPI 启用开关和多路复用器，以及 SPI 设备如何帮助减少系统板设计中的数字 GPIO 数量。

SPI 是一种同步、全双工主从接口。来自主机或从机的数据在时钟上升或下降沿同步。主机和从机可同时传输数据。SPI 接口可以是三线式或四线式。本书将重点介绍流行的四线式 SPI 接口。

要开始 SPI 通信，主机必须发送时钟信号，并通过启用 CS 信号来选择从机。通常，片选信号是低电平有效信号，因此，主机必须在此信号上发送逻辑 0 以选择从机。SPI 是全双工接口，主机和从机可以分别通过 MOSI 和 MISO 线路同时发送数据。在 SPI 通信期间，数据同时传输(串行输出到 MISO/SDO 总线)和接收([MISO/SDI] 总线上采样或读取的数据)。串行时钟沿同步数据的移位和采样。SPI 接口为用户提供选择时钟上升或下降边沿对数据采样和/或移位。请参考器件数据手册，确定使用 SPI 接口传输的数据位数。

市场上有可用作在传感器/执行器与 CPU 之间接口的 SPI 设备。图 5.24 展示了 SPI 信号。

K-Line 接口

K-Line 接口广泛应用于物联网信息娱乐应用中使用的汽车传感器和组件。

现代车辆，尤其是许多豪华车辆，必须具备在网络内通信的技术能力。参与方的互动使系统中的过程自动化成为可能，从而能够识别故障并提前纠正。除了使汽车更加经济和高效之外，舒适性也受到一定的重视，但安全方面始终是关注焦点。几十年来，总线一直用于满足这些需求。总线背后是二进制单元系统，是在网络拓扑参与方之间通过公共传输路径提供所需数据的系统。利用总线，参与方不必直接处理与其他参与方的消息、报文和文件传输。

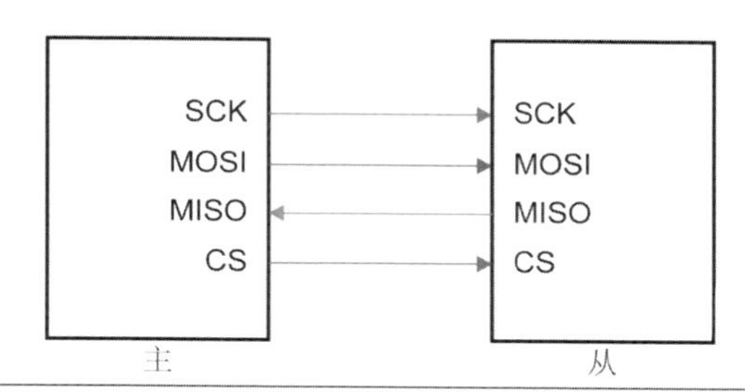

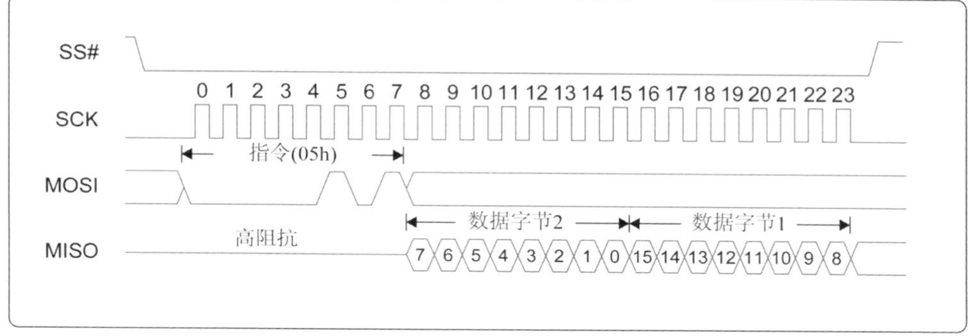

图 5.24　SPI 信号

包括 K-Line 在内的各种总线用于满足工业通信和信息技术的要求。K-Line 是一个双向单线总线，在汽车技术中服务于网络元素之间的数据传输，其定义见 ISO 9141 和 ISO 14230 标准。这种形式的数据连接特殊在，当一起使用 K-Line 和 L-line 总线时，K-Line 总线也可以单向操作。在较高层次上，这种使用方式服务于工作步骤的自动化，但具体而言，该功能提供与外部通信的处理、控制装置的激励以及相应过程的初始化。

K-Line 是单线连接，使用一股导线以串行方式定向传送数据，并由一根地线连接。因此，把单线称之为总线其实是错误的命名，至少会令人困惑。在实践中，K-Line 使用两个物理导体连接，这些技术组件的主要任务是电力供应和控制传输与接收。这种布置的形式被称为纽扣形，易于身份验证。单线总线，也就是 K-Line，具有以下特点：

- 连接是串行的，通过一条数据线传输，一条数据线接收。这种方式称为双向
- 数据在没有时钟信号的情况下传输，因此是异步的
- 用于传输的过程是半双工过程，因此可以接收或发送数据块，但这两个过程不会同时发生
- 这是一个单主/多从系统，因此只有一个控制单元，但是可以存在多达 100 个传感器或存储器
- 每个从机都有自己的 64 位地址
- 从机不需要外部电压电源，因为有一个内部电容
- 单线总线为电压接口

图 5.25 展示了 K-Line 通信框图和时序波形。要初始化网络中参与方之间的通信，首先要有刺激。刺激发生在控制单元和相应的外部诊断计算机之间，可以以两种不同的形式发生：

- 快速初始化——此形式通过低电平保持一段较短时间的逻辑 0 以建立通信，然后开始正常的交互
- 5 波特初始化——此形式中，为了建立控制单元和诊断计算机之间的连接，以非常慢的速度发送报文字节，以破坏奇偶条件。一旦刺激阶段结束，就开始正常的快速通信

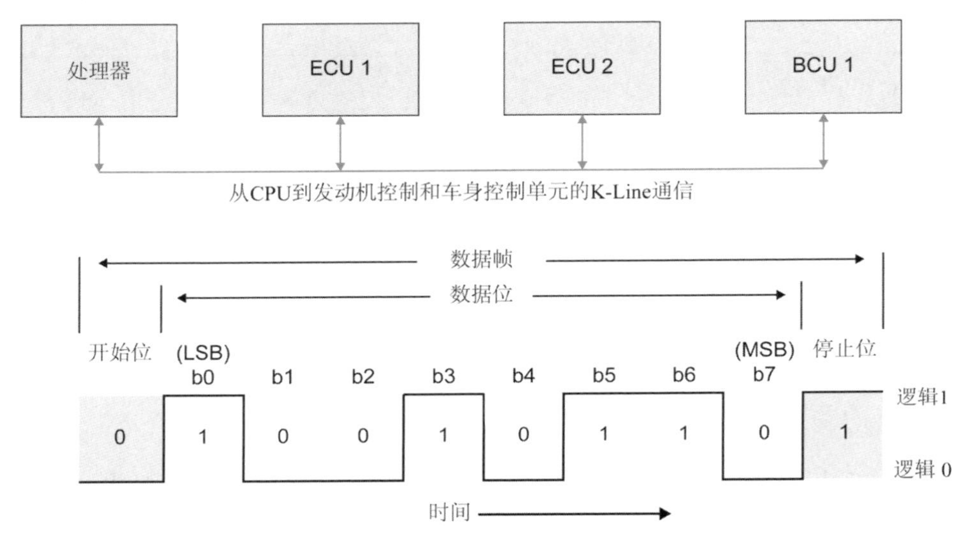

图 5.25　车辆的 CPU 和 ECU/BCU 之间的 K-Line 通信

与其他总线的情况一样，K-Line 使用特定的协议构造沟通过程及风格。在这种情况下，通常使用关键字协议(Key-Word Protocol，KWP)。KWP 是一种处理关键字的通信协议。KWP 的优势是能够利用诊断连接，用更好的软件版本覆盖原有固件。

控制器局域网接口

控制器区域网络(Controller Area Network，CAN)总线在乘用车和商用车行业、机械制造行业、医疗技术和航空航天领域是公认的标准。

CAN 总线是由博世公司开发的一种多主消息广播系统，规定了 1Mb/s 的最大信令速率。与传统的网络(如 USB 或以太网)不同，CAN 不会在中央总线主机的监督下从节点 A 点到点发送大量数据块，而是在 CAN 网络中把许多短消息(如温度或转速 RPM)广播到整个网络，保证了系统每个节点的数据一致性。

CAN 从一种用于连接智能设备的高完整性串行总线系统演变成为标准车载网络。汽车行业迅速采用 CAN，CAN 于 1993 年成为国际标准，即 ISO 11898。

由于网联汽车使用大量车载电子设备，因此，使用 CAN 接口能够降低线束的复杂性，从而降低车辆上使用多个物联网单元的成本。

该规范要求对电气干扰具有高抗扰度，并能够自我诊断和修复数据错误。由于这些功能，CAN 协议除了在汽车中使用外，还广泛应用于各种物联网应用场景，包括楼宇自动化、医疗和制造业。

CAN 是一种双线、半双工、高速串行网络，通常用于在网络节点之间视频通信，无须加载系统的微控制器。CAN 是一种第 2 层实现——定义了协议层和物理层——可以检测和纠正由电磁干扰引起的传输错误。CAN 收发器是 CAN 协议控制器和 CAN 总线线路的物理导线之间的接口。

市面上有许多 CAN 接口设备(如 Texas Instruments 和 Maxim Semiconductors)，可用于 CPU 和物联网单元之间的通信。

5.14　物联网应用场景的网络硬件选择

网络硬件在实现物联网系统中起着重要的作用。选择合适的网络硬件是物联网系统高效运行的关键。即使物联网单元能够使用各种传感器有效地采集数据，但如果网络硬件选择不当，无法满足所需的带宽、速度、端口数量等，那么物联网系统整体效率将很低，或者可能无法执行预期的功能。本节将重点介绍在为物联网应用场景选择合适的网络硬件时需要考虑的标准。

通常，网络设备用于处理数据包，包括在电信网络上交换、分离或定向，如图 5.26 所示。为了执行此功能，需要以下网络硬件：

- 网络集线器
- 网络交换机
- 路由器
- 网关
- 中继器
- 复用器或多路复用器
- 收发器

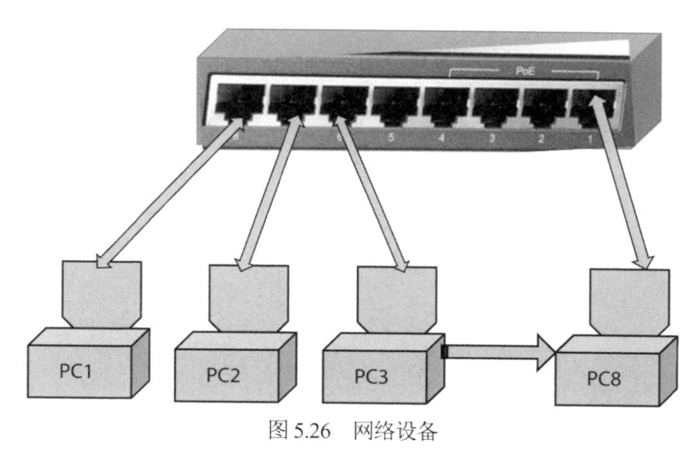

图 5.26　网络设备

所有这些硬件都可以从不同的供应商那里轻松获得，成本因参数而异，如数据速率、支持的端口数和工作温度。正确选择给定物联网应用场景的网络硬件时，可考虑以下方面：

- 速度：链路速度是选择网络时要考虑的主要标准之一。有不同的链路速度可用，如 10/100 Mbps、1000 Mbps 或 1 Gbps、10 Gbps 或 400 Gbps。显然，交换机的成本会随着支持的速度而提高。基于给定物联网应用场景所需的速度，选择合适的链路速度
- 端口数：交换机将具有各种数量的可配置端口，从 4 个到 48 个端口不等。基于将连接到交换机的物联网设备数量，选择所需的端口数。可以考虑保留几个备用端口以备将来扩展，例如，如果要连接的设备数量为 6，则选择 8 口设备
- 管理型/非管理型交换机：非管理型交换机易于使用，并且不需要网络管理知识即可操作，而可配置的交换机需要网络管理知识配置和管理。由应用程序决定是否应选择管理型交换机。如果应用程序要求配置交换机端口，则选择管理交换机。例如，如果需要 VLAN 或 VoIP，就基于需要选择管理交换机
- 成本：成本在决定为给定的物联网应用场景选择哪种网络硬件时起着重要作用。管理交换机比非管理交换机更昂贵。同样，如果链路速度高或端口数高，成本也会增加
- 无线设备：基于所需的带宽和速度选择无线路由器。802.11ac 是最新的无线协议，可提供最高的无线数据传输速率。802.11ac 能够提供 1300Mbps 的无线数据传输速率，相当于 162.5 MB/s

5.15 物联网硬件安全

在物联网系统中，安全是选择设备时需要考虑的一个重要方面。以下是选择物联网硬件时的一些注意事项：

- 确保可以为特定设备禁用 JTAG 端口。通常，入侵方可以访问 JTAG 端口，并通过此端口运行恶意软件来破坏网络
- 考虑使用安全启动替代传统 BIOS。统一可扩展固件接口(Unified Extensible Firmware Interface，UEFI)定义了 PC 的安全启动功能。UEFI 定义了操作系统(Operating System，OS)和平台固件之间的软件接口。在使用安全启动时，设备通过验证安全凭据，仅引导使用预期的软件。如果出现任何危害，设备将无法启动，从而确保设备和网络安全
- 确保服务器安装了防火墙，以保证入侵方无法登录系统

5.16　总结

本章介绍了物联网硬件设计中使用的方法，以及硬件设计流程的各个步骤。专家将深入理解在组件选择和 DFT/DBM 注意事项中要考虑的标准。最后，本章介绍了选择物联网硬件(包括物联网网络)使用的评判尺度。

第6章 物联网数据系统设计

本章将为物联网专家们介绍适用于物联网数据系统设计的基础知识，并帮助物联网专家们理解价值链如何产生数据，以及如何编排业务和客户数据。本章还将介绍数据系统设计的架构，重点包括数据收集、存储和传输，并介绍机器学习、数据分析和数据科学。

6.1 简介

本书前面的章节讨论了物联网架构和支持物联网的基本构建块。当利用传感器在价值链中度量关键绩效指标(Key Performance Indicators，KPI)时，这些传感器将测量并生成大量数据。将物联网传感器连接到互联网的网络，以及与价值链相关的基于云端的应用程序，也可传输生成的数据。为推动价值链功能的改进，这些数据需要近乎实时的处理、分析和存储，甚至要离线分析数据。随着物联网设备数量的增加，产生的数据量将是海量的。据估计，即使只有60亿个物联网设备，每天也会生成2.5万亿字节的数据。在一段时间内，在分析数据记录以获取情报时，这些数据及其分析将极大地影响业务决策，这种影响不仅是对当下生效，也包括接下来的许多年。因此，审查数据系统的构建方式至关重要。

6.2 物联网数据系统

简而言之，数据系统是指数据的整理以及在数据上运行的方法。要为物联网设计数据系统，需要设计者研究待处理数据的特征。这些特征包括数据的类型/种类、数量和速度(生成数据的速率)。考虑到物联网是价值链转型的基石，而且全球诸多价值链都在经历转型，因此，物联网的应用领域非常广泛。囊括和分类所有可能的数据类型是很困难的，但大致了解数据的性质，将对充分处理和设计强大的系统产生极大的帮助。

6.3 价值链活动产生数据

在深入了解物联网数据类型之前，请物联网专家们随本书重温价值链的概念。任何行业或政府部门的价值链都是一系列的活动，相比用于创造产品或服务的主要投入，这些活动能够提供更高价值的产品或服务。回顾第 1 章在咖啡店创造价值的示例，咖啡店需要咖啡豆、多种其他原料和咖啡机，外加咖啡师的专业知识为消费者制作饮料。咖啡的售价需要高于制作过程中的所有投入成本，当售价超过所有投入的总成本时，就创造了价值。价值链中的创新通常会改变创造的价值(售价)和/或创造该价值的成本。

要查看物联网数据类型，请物联网专家们随本书一起看看价值链中所有活动生成的数据，包括最终消费者的体验。

(1) 运营：价值链中关键活动产生的数据，例如，生产运营、商品或服务的交付，以及涵盖入站、内部、出站操作，其中包括供应链、制造和物流数据。这些数据依次可能有以下来源。

a. 工业控制系统

b. 传感器和设备

c. 包含位置数据的运输物流

(2) 业务：价值链中与设计、定价、销售和客户跟踪有关，为支持关键操作而生成的数据。数据包括来自客户关系管理(Customer Relationship Management，CRM)和企业资产管理(Enterprise Asset Management，EAM)系统的数据。

(3) 客户：来自客户的数据，包括客户的经验和提供支持的品质。数据包括来自客户支持系统、社交媒体以及其他媒体的数据，例如，遇到问题的图片，甚至是客户发现的产品和/或服务的创新用途。

要记住，关键是，应将产品或服务的消费者和用户纳入价值链背后的数据链中。理解谁是真实消费者也很重要，且应尽一切努力连接和收集来自最终消费者的数据。虽然通常会认为消费者/用户数据是业务数据的一部分，但还需明确强调这一点，因为很多组织会忘记将最终用户纳入连接的数字数据链之中。这会极大地影响公司自身的价值，因为公司未能利用源自最终用户的正确输入改善价值链(如图 6.1 所示)。

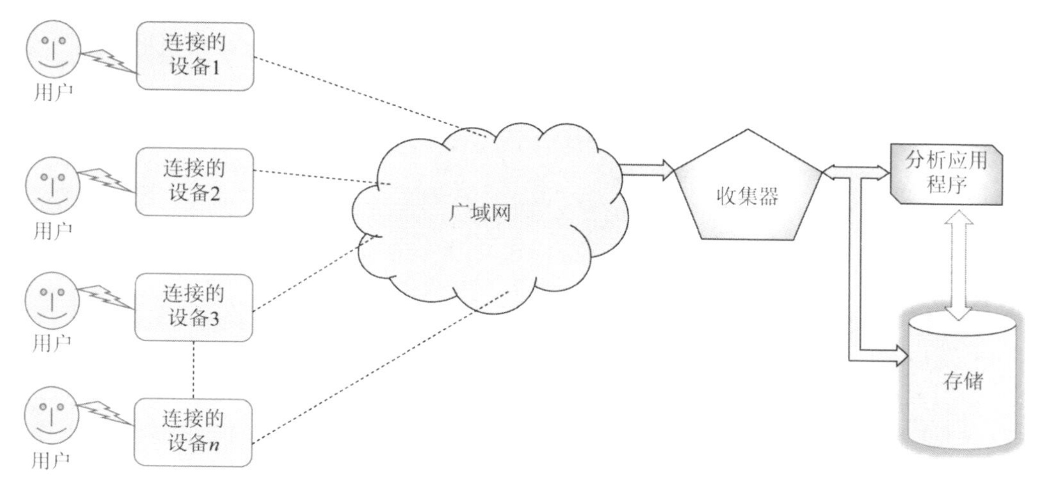

图 6.1　物联网网络中的价值链活动

6.4　运营数据：传感器和设备

首先回顾价值链运营过程中产生的数据。这些数据包括来自物流、制造和供应链的信息，由连接的传感器和设备生成。

6.4.1　传感器用途和传感器数据

由于价值链所有方致力于改进消费者体验和效率，因此会部署用于跟踪各种目标的传感器。使用来自传感器的数据有以下几个重要原因：

- 通过实时分析，确定价值链是否正常运行
- 通过实时或近乎实时的分析，找到价值链无法正常运营的原因
- 通过近乎实时或离线的分析，若出现问题，则关联问题出现的时间，基于传感器的历史数据预测价值链问题
- 通过离线分析，改进价值链，以更好地服务消费者，并提升创造的价值或降低成本

基于涉及的内容，可使用多种类型的传感器。工业过程可能涉及温度、压力和化学物质(如气体和液体)的传感器，以确保工人和环境的安全。城市可使用传感器测量不同街道的污染程度、交通模式或垃圾数量。

数据也由在价值链中执行功能的设备生成。例如，将金属压制成特定形状的机器可以报告设备自身的工作状况。出于数据系统设计的目的，通常将设备自身生成的数据视为与传感器数据相同。

6.4.2 传感器数据特性

如果用一个词描述传感器所产生的数据，那就是异质性(Heterogeneity)。传感器用于测量和报告多种不同的参数。

- 位置、状态、距离
- 运动、速度、位移和位置
- 温度
- 湿度、水分
- 声学、声音、振动
- 化学物质、气体
- 液体或气体流量
- 力、负载、扭矩、应变、压力
- 泄漏和液位级别
- 电场和磁场
- 加速和倾斜
- 光学测量

传感器会定期生成数据，也会基于事件生成数据，这些事件可能包括系统启动、故障或遇到意外情况。传感器也可在变化发生时生成更新数据。因此，传感器生成的数据既有周期性的，也有变化/事件驱动的。数据可能包括测量的参数以及元数据，例如，生成数据的传感器的身份、位置、数据类型以及可能需要的处理。

运营数据也来自机器和装配线。商品制造过程中，会检测产品是否符合要求，这样做能够确保品质。如果某个产品是更大的产品的一部分，这样做还可确保产品的匹配。这些检测措施将是具体的，并特定于正在制造的产品。

传感器可生成模拟格式或数字格式的数据。本章将讨论数字格式。数字格式意味着数据是以二进制形式生成的。

6.5 业务和消费者/用户数据

价值链包括业务数据、运营数据和消费者/用户数据。组织中的业务数据通常来自管理公司工作流程的多个方面的软件系统。这些软件系统用于支持工作流，并存储与工作流相关的数据。请随本书回顾其中的一些软件系统。

- 企业资源规划(Enterprise Resource Planning，ERP)系统允许企业以自动化和互联的方式管理后台运营。后台运营包括以下工作领域：
  - 销售
  - 采购(供应链管理)
  - 生产和分销
  - 会计

    - 财务规划和管理
    - 人力资本管理
    - 公司治理和绩效
    - 客户关系管理
- 商业智能(Business Intelligence，BI)支持对上述 ERP 系统中所有数据的分析，并可帮助企业将数据转化为洞见和信息，这也将帮助企业更好地运营并创造更多价值

6.6 运营数据与业务数据的交集

随着数字化转型，业务工作流可通过运营数据获得信息。运营数据可实现实时效率和更好的体验。采购、生产、分销、会计和 CRM 越来越多地通过运营数据获得信息。通过分析运营数据，生产方可衡量最终客户对产品或服务的体验如何。运营数据可帮助改进产品。通过调整使用模式，测量产品或服务的使用情况可基于使用模式调整供应链，帮助提高供应链的效率。基于使用模式也可更好地调整定价模型。能够更好地衡量运营数据并与业务相结合的实体，将取得竞争优势并避免干扰，因为这些实体最为了解客户。

6.7 结构化与非结构化数据

价值链中生成的数据可分为结构化或非结构化数据。结构化数据具有定义明确的字段，易于搜索和分析结果。例如，政府办公室的事务记录包括姓名、社会安全号码、地址、出生日期、应付税款和付款状态。事务记录中的每个字段都有明确的定义和类型(字符串、日期、数字、地址、金额、是/否)，并且可轻松检索那些应纳税款的市民及其待缴金额。大多数业务数据是结构化数据。结构化数据通常存储在关系数据库管理系统(Relational Database Management System，RDBMS)中，有多种软件系统可用于大规模分析结构化数据。为实现数据查询和分析，这些系统通常为分析师提供结构化查询语言(Structured Query Language，SQL)接口，从而推动数据驱动的业务目标。来自 Microsoft、Oracle、SAP、Google、Amazon 和 Snowflake 的数据仓库技术支持高规模、高性能地存储和访问结构化数据。

然而，物联网设计中的数据不都是结构化的。非结构化数据在物联网场景中数量巨大且常见。在消费者社交媒体帖子中有关产品或服务的数据，还有文本、电子邮件、视频、图像、客户交互、日志等数据都是非结构化数据。据估计，价值链中近 80%的数据是非结构化的，而且数据量仍在快速增长。来自物联网系统中传感器的数据(例如，传感器捕获的图像、视频或语音)也是非结构化数据。非结构化数据通常存储在数据湖架构中，如 DataBricks。这些数据没有经过建模，需要使用不同的数据库技术整理和分析。

前面提到，分析结构化和非结构化数据对改进价值链变得越来越重要。例如，机器学习应用程序可尝试关联社交媒体数据与销售数据，以便确定可能流失的客户的特征。然后，该预测模型可推动客户支持团队采取主动行动，减轻客户的痛点并挽留客户。

6.8 数据系统设计

截至目前，本章回顾了供应链中的数据类型及特征，下面将探讨如何构建有助于满足物联网供应链需求的数据系统，并介绍数据系统的基本构建块：数据传输、数据收集、数据存储和数据分析。

6.9 数据传输

要让数据可用，首先应收集数据。跨物联网的数据收集需要传输数据，因此通信网络非常重要。生产效率和成本收益是物联网数据系统设计的因素之一。随着物联网规模的扩大，生成的数据量也在增大，数据的传输、收集、处理和存储成本变得昂贵。依照产生的收益，数据系统的成本和设计应能证明是合理的。

在物联网系统中，网络对生成数据的传输和收集起着至关重要的作用。在网络边缘，连接到传感器和操作设备所需的通信带宽可能是成本的重要决定因素。随着物联网系统扩展到数百万个运行中的设备，连接和收集数据的成本将会增加。如果传感器由电池供电，边缘传感器的通信频率也可能影响电力成本及电池寿命。如果传感器和边缘网络设备需要频繁维修，则运营费用会增加。

6.10 数据收集

物联网数据系统的设计因其潜在规模而不同。传统的数据系统主要应用于在线事务，包括新建、更新和删除等操作，而来自广阔区域的数百万台设备的流数据对传统的数据系统提出了挑战。传统的数据系统不适合分析大量数据，因此，物联网数据系统需要能够做到：①实时处理、②近实时分析、③具有离线分析存储。

通常情况下，在数据传输之前，可在生成数据的设备上做一些数据预处理，减少和汇总数据。如果设备不能完成预处理，则可在数据进一步传输到收集器之前，由中间网关执行预处理，从而帮助解决带宽成本和连接限制问题。

收集器有助于聚合和准备各种来源的数据。例如，可能需要将来自机器的数据与机器生产的数据关联，以确定生产线的状态，这需要将数据流聚合到合并的表格之中。收集器还有助于数据过滤，从而帮助只选择重要的更改并提高效率。

当生成并收集数据时，需要实时处理来自收集器的数据。现代软件利用发布订阅模型，将收集器的数据发布到订阅数据的软件应用程序。当数据以数据流的方式由收集器传输到数据总线时，应用程序会实时处理数据，包括处理案例，如确定当前价值链的状态，或探究价值链未发挥作用的原因。

6.11　数据存储

为实现离线分析，需要存储物联网系统生成的数据。离线分析帮助管理人员了解历史行为并预测问题，以便管理人员提前处理。离线分析还能够改进价值链。注意，离线分析并不意味着存储本身处于离线状态。存储是在线的，允许更新数据及数据分析。

大规模的物联网会产生大量数据。按照国际数据公司(International Data Corporation，IDC)的分析，到 2025 年，超过 410 亿台物联网设备将生成超过 79 泽字节(Zettabyte，ZB)的数据。对于这种规模的海量数据，企业只能存储需要的数据，且有必要证明成本相对于业务价值是合理的。对于部分数据，物联网系统将接近实时地处理，且不会存储这些数据。但是，如果需要进行分析，则需要存储大量同类数据。

优化数据存储设计成本的依据是容量和访问要求。大量不常访问的数据存储在最便宜的存储系统上，这些系统在存储成本而非 I/O 性能方面完成了优化。数据存储设计可遵循分层方法(如图 6.2 所示)。随着 I/O 延迟的增加，每单位的存储成本会降低。

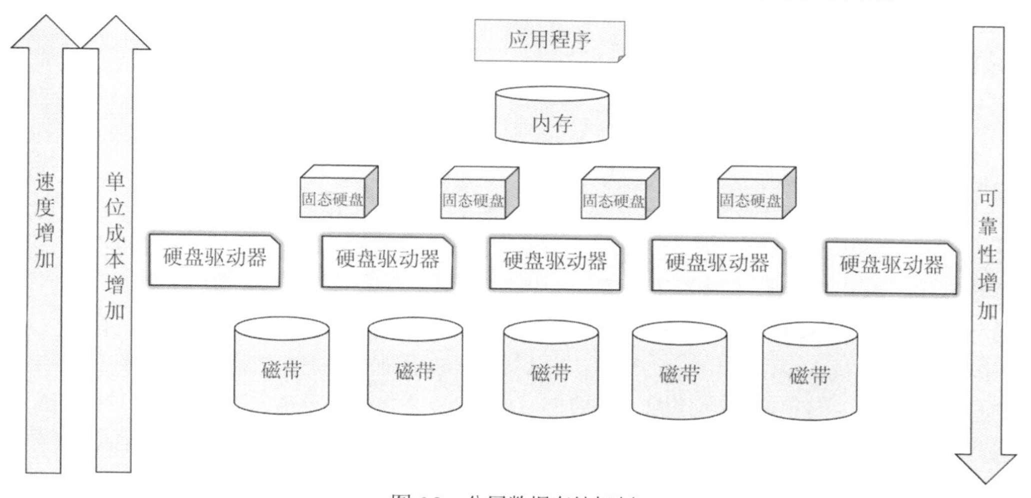

图 6.2　分层数据存储机制

分层存储系统是一种混合磁带、硬盘驱动器、固态磁盘和内存的技术。磁带通常以 GB 为单位，提供最低的存储成本，比其他存储系统消耗更少的电力且更可靠，但具有更高的检索延迟。磁带存储最适合不经常更改且访问速度不快的数据。硬盘驱动器是次优的成本选择，可实现更快的访问。使用固态磁盘的现代计算系统能够更快地访问数据，并且在启用基于内存的缓存时为高性能的数据分析提供最理想的系统。

良好的数据系统设计能够将更高成本、更高性能的存储用于使用频率高的数据，而将其余数据放在成本较低的存储上。这种分层存储系统将利用高速内存、固态磁盘、硬盘驱动器和磁带，以智能方式通过软件技术，将最近使用的数据从性能较低的存储移动到性能更高的存储中。为优化成本，较低性能、较低成本的存储量将更大。设计良好的系统不会影响可靠性。

6.12 数据准备

仅仅建立数据存储系统是不够的。为了能够使用数据，需要准备运营和业务数据并对数据建模。数据准备涉及多项活动，包括调整格式一致性(例如，数据可能带有 ddmmyyyy 格式的日期，而另一个来源的数据可能会是 mmddyyyy 格式)、插入缺失值、检查数据准确性，以及用文件或表格的方式整理数据。

来自分布于不同地方的传感器数据可能会出现差异而导致数据混乱。传感器的校准可能存在问题，一天中的时间可能需要同步，有时，还需要手工校正大批读数，因此，数据团队花费大量时间清理和准备数据也就不足为奇了。分析行业研发了多款软件系统，用于帮助数据分析师可视化和整理数据。只要清理和准备好数据，数据的处理就很容易了。

6.13 为分析整理数据

事务数据是在逐条记录的基础上创建和存储的。在线事务处理(Online Transaction Processing，OLTP)系统针对大量小事务的记录完成了优化。例如，如果网联汽车每行驶 100 英里会报告发动机的某些数据，则这些数据将需要随着时间的推移而被存储。然而，数据分析通常需要处理来自多辆汽车的数千条记录，查看发动机性能的趋势线，确定反映偏差的数据点，然后再针对异常数据点主动提出维护建议。

访问这数千条记录可能需要访问数千行数据，并聚焦于像“温度”这样的特定字段。在线分析处理(Online Analytical Processing，OLAP)系统能够分析在线事务处理系统中收集的聚合数据。为完成数据分析，在数据从 OLTP 系统到 OLAP 的过程会使用提取、转换和加载(Extract Transform Load，ETL)工具将数据重新编排。面向分析的数据存储通常是基于数据列的，可支持聚合分析某些字段。例如，在每行有多列的数据库中，如果需要分析特定的列，则要花费大量时间扫描每一行数据找到特定列，收集此列的值，然后执行列值的分析，如聚合、平均或其他操作。

一种更有效的方法是逐列存储数据，这样系统能够集中资源，从而更快地分析列值。拥有数十亿行和数十列的数据库并不少见，因此，如何整理数据是做好大规模分析的关键。

6.14　数据湖、数据仓库和数据的高效访问

随着存储数据规模的扩大，需要使用专门的软件访问和处理数据。这是一个快速发展的领域。为处理大量数据，业界开发了分布式大规模并行处理技术。需要用快速并行方式处理的数据，则需要整理和高性能查询引擎。

所有来源的原始数据，包括业务流程、消费者/用户的网络点击流数据、社交媒体评论，和类似物联网设备的运营技术，都需要在整理后存储以供分析。这种原始数据存储越来越多地构建为数据湖。数据湖设计适用于存储结构化(关系数据)和非结构化数据。数据科学家、机器学习程序通常利用数据湖处理数据。Hadoop、MapReduce 和 Presto 等大规模并行处理软件在数据湖提供的较低存储成本之上，提供合理的性能查询引擎能力。

业务数据利用精选的数据建模存储。数据模型的描述内容包括实体、度量、属性、完整性规则、关系和操作，可用于需要建模的数据。一旦准备好原始数据并开始建模，就可以合理地精选原始数据以供分析。精选的结构化业务数据通常存储在关系数据库之中。这种关系数据库部署在数据仓库。数据仓库用于业务数据分析，通常具有更多精选的数据、更高的性能以及更高的单位成本。当代数据系统设计结合了数据湖和数据仓库方法，先将数据放入设计的数据湖，再将精选的数据移动到数据仓库之中。

尽管企业数据中心内仍保留有大量数据，但云存储场景正在变得越来越普遍。主要的云平台均以服务的方式提供数据湖和数据仓库服务。数据湖和数据仓库设计都提供查询引擎功能，允许其他软件应用程序访问和分析数据。即使大量数据仍然存储在由 Oracle、Microsoft、IBM、Teradata 等构建的内部系统中，但 Snowflake、Amazon Redshift、Google Big Query 和 Microsoft Synapse 等云数据仓库也在快速增长。

6.15　分析和商业智能

无论数据是存储在基于磁盘的对象存储上(如 S3)，还是通过数据湖或数据仓库访问，都需要分析数据，以便洞察趋势并改进价值链。

商业智能软件将人们面对的数据问题转化为对存储系统内数据的查询。这类查询可实现数据可视化、分析以确定趋势，且有助于解释变化。商业智能软件通常适用于关系数据库。SQL 可用于从 RDBMS 访问数据。SQL 允许使用一个命令访问多个记录。然而，SQL 虽然擅长数据查询和分析，但在支持可视化和格式化方面存在缺陷。

在过去十年中，商业智能的创新主要集中在数据的可视化和搜索能力上面。以图表、表格和仪表板等形式让数据实现可视化，从而使得价值链中的知识工作者能够基于趋势和异常情况做出决策。斯坦福大学研发的 VizQL 就是一种描述表格、图表、图形、地图、时间序列和可视化表格的语言。Tableau 商业智能软件就是使用 VizQL 创建的。

另一种构建商业智能的途径是使用搜索引擎技术。ThoughtSpot 是一家通过搜索和人工智能(Artificial Intelligence，AI)提供分析的公司，目的是让知识工作者或软件系统检索

数据，并获得关键问题的答案，从而实现价值链的改进，包括能够监测价值链的 KPI。

随着行业的发展，在关系系统和非关系的流数据之间的数据交叉分析是很重要的，并且还在发展中。跨不同存储结构(例如，数据湖、数据仓库和其他存储系统)的扩展数据分析帮助企业覆盖和连接业务及运营数据。例如，针对消费者在社交媒体帖子或客户服务互动中显露的情绪，可在关系数据库中分析消费者的购买事务。

购买事务将存储在数据仓库中的 ERP 软件系统中，而社交媒体评论和消费者访问对话将存储在数据湖中。此外，来自物联网设备的流数据最初将作为原始数据存储在数据湖中，之后再整理以供分析。例如，针对消费者发布在社交媒体网站上的情绪，无线通信提供商可将消费者的视频通话体验与来自消费者经常活动的地区的蜂窝塔的诊断数据关联，以确定流失客户的风险。

反过来，通信提供商可基于客户体验在带宽和容量方面做出明智的投资决策。在数天和数月的通话体验中，数百万消费者和数千个移动信号塔会产生大量的数据，以完成决策。数据和商业智能的新兴趋势是，能够以极高的性能大规模承接上述任务，并实现可转化为快速行动的即时洞察力。在此示例中，创造的价值将提升通信提供商的客户满意度和保留率。

6.16 数据科学与物联网

除了商业智能应用程序，数据科学和机器学习应用程序也会利用数据湖和数据仓库中的数据。数据科学帮助人们从大量结构化或非结构化的数据中获得洞察结果。正如本书之前提到的，数据湖架构允许组织和存储结构化和非结构化数据，而通常精选的结构化数据存储在数据仓库中。数据湖和数据仓库越来越注重提高访问大型数据集的性能。数据科学应用程序将统计、分析、机器学习和深度学习技术用于数据集。

6.16.1 不同的物联网数据科学

鉴于物联网中生成的大量数据，数据科学有着巨大的应用。但是，数据科学在物联网中的实现方式存在差异。数据收集自物联网系统中的多种异构来源。各种数据源通过不同的技术相互连接，包括 2G、4G LTE、5G、Wi-Fi 和蓝牙等。数据源非常多种多样，从小型传感器到有多个传感器的大型机器。这些装配有大量传感器的大型机器可能具备运行软件程序的计算能力。这种在物联网设备自身上运行软件应用程序的能力称之为边缘处理(Edge Processing)，未来将更常见于物联网设计。

边缘处理支持预处理来源于传感器的数据。预处理可能包括清除错误数据、正确排序数据，甚至可能在将数据发送到基于公有/私有/混合云平台的计算和存储之前，对数据进行汇总和聚合处理。边缘处理采用更接近数字化环境运行的软件做出的本地决策，以分配自动化决策。然而，这些决策本身是通过数据、数据分析和模型(除分析之外，预测场景的模型)做出的。这些预测会引导采取主动行动。

虽然决策是基于模型和数据在边缘实现的，但模型和决策框架本身则是依赖部分或所有边缘系统所收集的数据建立的。因此，模型研发和训练很可能发生在基于云端的集中式实现中，而基于这些模型的操作会使用边缘计算和处理技术在边缘实施。

与使用数据科学的其他应用程序相比，这种工作分配预计将成为物联网的主要特点。建立模型时，需要牢记这种工作分配。物联网的另一个特点是，数据更多是时间序列数据，大多数数据都在周期性地重复，这也意味着研发人员需要采用更适用于时间序列数据的算法。

6.16.2　数据科学成功因素

数据科学家可通过运用一些重要原则确保在物联网中取得成功。

第一个重要原则是要保证工作与业务目标保持一致。业务成果可用 KPI 衡量。而 KPI 可帮助数据科学家集中精力分析数据、研发模型和实施改进 KPI 的决策框架。例如，航运公司的 KPI 可能是船舶的可用性。任何船舶故障或损坏都可能导致收入损失和客户满意度下降等问题。为船舶配备传感器，以执行主动预测或检测故障，可提前订购、储存，甚至更换即将出现故障的部件，从而减少停机时间。想要预测船上众多不同部件的故障，需要从数百艘船上收集和分析大量数据。这种数据分析将为故障可能发生的时间及故障发生前的明显特征引导出一种模型。虽然需要通过运行在类似云设施上的大型数据集和软件程序完成分析和模型研发，但分析和决策应用程序可能需要在航行的船舶上面运行，以便按需采取主动行动，避免重大故障。在本例中，船舶是边缘处理节点。

物联网数据科学成功的第二个重要原则是需要高质量的数据。数据准备和清理是数据和分析领域的大问题。大量时间将用于数据清理和准备。来源于数千甚至数百万个传感器的数据可能是极度混乱的。一些传感器可能存在连接问题，从而导致数据丢失或未按顺序到达；一些传感器可能出现故障且不报告数据，一些可能未校准；另一些可能由不同的供应商制造并具有不同的行为。当收集和整理所有数据以供分析时，应使用有效且准确的方式审查、纠正和整理数据。

第三个重要原则是精准地理解数据的上下文。例如，部件故障可能因操作条件而有所不同。位于船舶机舱内与甲板上的同一部件，由于所处环境不同可能会面对不同的温度、湿度、空气质量和振动，其故障条件和寿命可能会有所不同。分析和建模应考虑这些内容才能真正实现 KPI 目标。

第四个重要原则是数据科学家仅仅得到模型和预测权是不够的，还应当建立工作流系统，以确保能基于预测采取行动，从而真正改进 KPI。通常这会对供应链产生影响，包括部件规划和存储的方法，以及行动规划的速度。随着可用的数据增加，模型也应不断更新。

6.17 机器学习

机器学习(Machine Learning，ML)是人工智能技术的子集，专注于算法运用，且算法会随着经验变得更完善。监督学习适用于数据训练。数据训练既有输入也有输出。请大家考虑一个问题：机器部件何时会出现故障？假设机器能提供不同时间的温度和压力读数数据，还能提供有关机器部件故障事件的数据，通过分析这个数据集，监督学习算法可研发出最早的预测模型，系统可检测到部件已经开始损坏以及预估何时会出现故障。由于有更多可用的数据，因此，可在更大的数据集上运行模型，并不断予以改进。

当然，能够在重大故障和停机发生之前主动更换零件才是系统的价值所在。由于能够在故障影响收入或客户满意度之前主动预测并解决故障，来自物联网传感器的数据可越来越多地用于提高整个价值链的 KPI。无监督学习算法仅处理输入的数据，用于聚类分析输入数据，帮助分析者识别异常值以开展工作。可进一步研究这些异常值，发现价值链的改进机会，因为异常值可能反映异常性能或行为模式。异常值也可能指向安全漏洞。

如果实施得当，机器学习就会成为良性循环。在数据训练中，首先创建机器学习模型，然后将模型转换为软件服务，下一步通常是在边缘实施模型。随着得到更多的数据和获取更多的知识，模型会不断改进和更新，这些更新会合并到软件服务中，然后在边缘更新软件服务，以实现可操作的实施。

6.18 建立物联网数据系统

现在，将以上介绍的基础构件合并在一起，形成物联网数据管理系统，如图 6.3 所示。

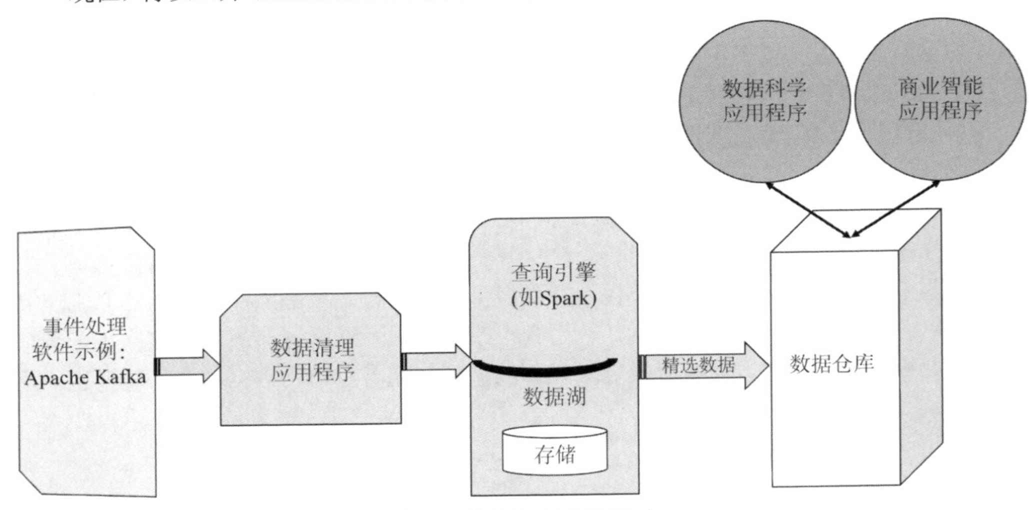

图 6.3 物联网数据管理系统

当数据来自大量设备时，设计人员需要一种能够高效处理和扩展的架构。

在这种情况下，对于物联网数据的处理，Apache Kafka 是很好的实现示例。Kafka 系统将来自传感器的数据视为事件。当事件进入系统，Kafka 允许消费者采用并行和可扩展的方式对事件排序、存储和处理。应用程序可注册为消费者并处理事件。例如，如果需要从飞行中的飞机接收遥测数据，接收的数据可能包括高度、方向、速度、风速、风向，以及发动机性能指标。

编程人员可为每个测量方法编写多个消费者应用程序。消费者应用程序可用于监测那些必须予以警告、调查和纠正的异常情况。所有这些应用程序都可处理来自数千架空中飞机的数据。当需要快速检测异常并采取行动时，实时处理至关重要。理想情况下，飞机上的机载系统将检测并纠正异常情况。但是，将异常情况报告给基于软件的云平台连接的持续监测系统可提供额外的保护。

来自飞机的数据也可存储在数据湖中以供分析。独立的应用程序将处理来自数千架飞机累积多年的数据，进而分析如何更高效地制造下一代发动机。对于飞机和发动机制造商而言，此类数据分析可成为安全和竞争差异化的基础。这样的示例可扩展到任何价值链。

Kafka 允许多个应用程序在不需要事件副本的情况下使用和处理数据，这让实施变得高效。消费者之一可以是数据清理应用程序，用于清理和准备数据以备分析。另一个消费者可将经过清理和准备的事件流转换为适合在 DBMS 中存储记录的关系表。这样的 DBMS 系统可有效地处理大量存储需求，并且采用通过物理节点集群分析应用程序的处理方式处理这些需求。Kafka 本身允许并行处理事件流。随着物联网设备数量的增加，设计人员可通过增加计算能力和存储以扩展处理能力。

大型数据存储系统采用并行处理集群方法存储和实现数据的快速处理。Hadoop 和 Spark 等文件系统都针对大规模存储和分析完成了优化。云规模的公司研发了新的存储技术，例如，Snowflake、Google Big Query、Amazon Redshift 和 Microsoft Synapse。一旦数据仓库中的数据完成准备，就可用商业智能应用程序可视化并分析数据。

6.19　学以致用：网联汽车案例

现在，将数据系统章节内容应用到网联汽车案例中。正如之前所讨论的，现在的网联汽车装有各种传感器，覆盖车辆操作的许多方面。这些传感器测量和检测的参数包括发动机性能、轮胎压力和状况，甚至是汽车内的发动机控制单元(Engine Control Unit，ECU)和车身控制单元(Body Control Unit，BCU)等电子设备运行状况。距离传感器有助于检测附近是否存在其他车辆和物体。虽然有多个网联汽车案例，但本书聚焦于与以下内容相关的特定案例：

- 使用实时诊断的预测性维护
- 导航辅助，包括安全和防撞
- 碰撞检测和安全援助

分析软件将用于运营数据分析，包括机器学习模型的持续改进。

Autonomic(见网址 6.1)很好地描述了为网联汽车构建的物联网系统的架构。

本章探讨了如何收集、准备和存储来自联网车辆传感器的数据，以便分析软件有效访问数据。网联汽车中传感器所生成的数据由运行在车辆内车载计算机上的软件做本地处理，这个过程被称为边缘处理，如图 6.4 所示，本书下一章将详细介绍。边缘处理软件可基于策略或软件实现的决策框架在本地处理关键事件。决策框架本身是使用机器学习模型构建的，这些模型已经在基于云端的集中分析软件中，通过使用来自数百甚至数千辆汽车的数据完成了优化。边缘处理软件也会聚合车辆中各种设备的传感器数据，对数据进行优化后通过网络传输。

基于私有或公有云基础设施运行的软件程序收集来自大量车辆的数据。通过车辆身份识别数据，并准备数据，以用于存储和分析。Kafka 等技术可近乎实时地处理来自大量车辆的数据流。

已订阅实时接收数据的应用程序在数据流入时处理数据，寻找维护问题或碰撞危险，甚至是碰撞迹象。有些应用程序(如实时导航应用程序)与工作线程同步工作，这些线程运行于车辆内部和车辆之间的边缘。全部依赖基于云端的响应可能非常危险，而低延迟响应则需要更靠近车辆且主要在车上并行处理。

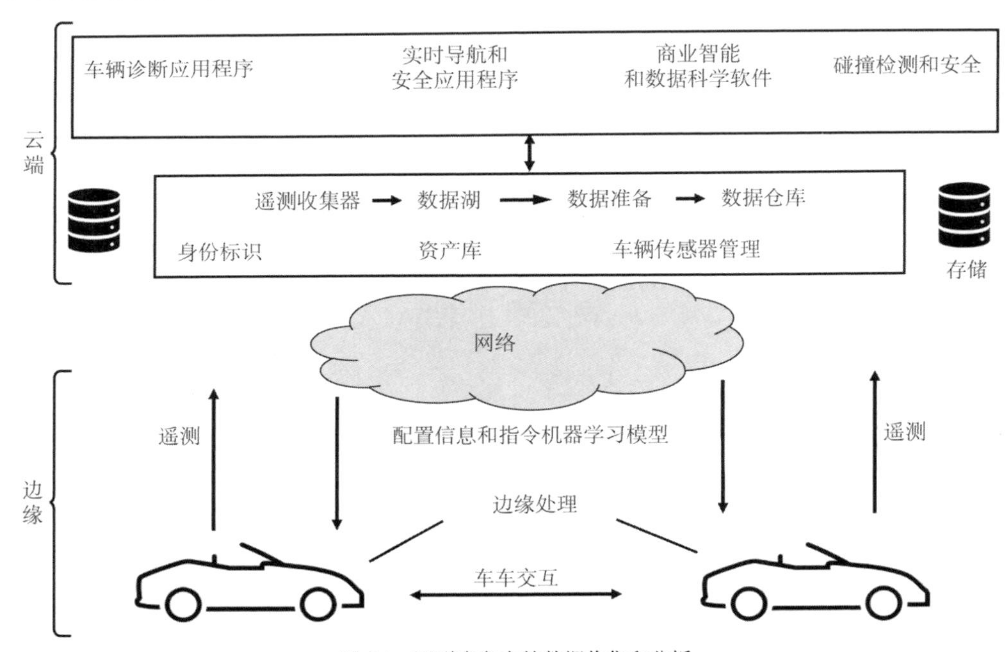

图 6.4　网联汽车中的数据收集和分析

需要存储正在收集的数据以供应用程序分析。初始的存储技术很可能是数据湖架构。据估计，智能联网汽车每小时可能会产生 25GB 的数据。同一时间来自众多联网汽车的大量数据有可能会压垮系统，因此，边缘处理和数据中心的高效处理对于大规模的应用至关重要。一旦数据存储在数据湖中，其他应用程序就可清理和排列数据，以供进一步分析。机器学习软件这样的数据科学应用程序将使用数据进一步训练模型，并改进决策框架。

6.20　总结

本章介绍了很多概念。数据是物联网成功的关键。通过分析来自物联网传感器的运营数据和来自业务流程的业务数据有助于改进价值链。设计数据系统时，应牢记投资回报。第 7 章将讨论设计时应考虑的安全和隐私问题。

第7章

物联网：可信与安全的设计

7.1 简介

物联网为设备通过互联网共享信息与交互创造了机会，为网联汽车、家居自动化、医疗设备、无人机、机场运行等应用场景带来了巨大的发展机遇，也创造了更多的价值。但随着接入互联网设备数量的持续增长，网络安全风险亦如影随形。安全专家应该知晓，物联网可能会导致企业面临人身伤害、知识产权丢失、财务损失以及隐私与法律法规监管合规等问题。

本章将讨论如何在物联网系统设计中综合考虑信任、网络安全、人身安全以及隐私保护，同时着重考虑物联网设备生命周期范围之内的风险与安全需求。需要注意，对于端到端安全设计实现，由于网络安全风险及其发生概率，安全建议可能仅对特定案例有效，其他案例却不作要求。例如，无法侦测物联网设备异常的话，联网的心脏起搏器可能影响到患者的生命，而家用联网的真空吸尘器工作异常可能仅仅会造成使用上的不便。首先，回顾物联网系统的安全要求。

7.2 为什么需要安全的物联网系统

不安全的物联网系统可能会导致服务失效、财务损失、隐私以及法律法规监管合规等问题。随着物联网应用场景在各行各业日益普及，对不安全的系统导致的物理伤害的担忧也在持续增长。

在深入讨论细节之前，需要对于风险、威胁和漏洞这几个术语的区别有基础认识。威胁是可能对受保护资产造成的潜在损害。其中，资产是指系统、设备、服务器、应用程序或服务。风险是损害发生时造成的影响以及损害可能发生的概率。漏洞是指系统或服务内部存在的可遭到利用的弱点。

利用物联网生态系统中的潜在漏洞，攻击方可监测连接的设备、欺骗设备、在系统中注入恶意设备，或者尝试访问并篡改设备接收与发送的数据。在物联网环境中，常见的攻击对象包括漏洞(例如，默认凭据或后门)、中间人攻击、盗取密钥、篡改固件、控制设备以及攻击应用程序层以获取后台系统数据等。

安全的物联网系统应能够令用户相信设备是安全的并可用于执行符合预期的操作。保障设备的完整性、机密性和身份识别对于安全的物联网系统实现极其重要，但仅仅是设备层面的安全是不够的，还需要考虑设备与外界连接通信接口的安全问题，具体内容可回顾图 1.15 展示的构建块。

有一种说法是："安全取决于最薄弱的环节"。任何存在于物联网组件中的漏洞，包括设备本身、通信连接、边缘网关、核心网络、云基础架构或应用程序软件中的漏洞都可能给物联网系统带来网络安全风险。这是实施可信平台的驱动因素，可信平台可在整个物联网生态系统中实现网络安全、信任、隐私保护和人身防护。本章将先探讨安全物联网系统的要求，再探讨安全物联网系统应采纳的建议。

7.3 安全的物联网系统需求

安全物联网系统应满足机密性、完整性与可用性、信任、韧性与隐私等需求。机密性确保只有经过身份验证的实体可访问系统，完整性确保数据交换在传输过程中未经篡改，可用性确保数据在需要时是可用的，而信任需要通过身份验证实现。安全的物联网系统通过身份验证实现只允许被信任的实体成为物联网系统或韧性的一部分，从而保证单个实体遭到入侵时不会危及整个平台。最后，安全持续监测以及威胁检测系统能够检测到安全漏洞并提供威胁响应。然而，安全目标的优先级对于不同情况会有所差别。例如，在某些情况下，改变物联网设备上的数据可能相对于有人能够查看设备上的数据造成的破坏更大。此时，完整性和可用性就可能会比机密性的优先级更高。重要的是，安全需要高效、轻量、低成本且方便部署。物联网系统应当采用标准的基础架构实现互操作性。用于存储敏感密钥和敏感数据的长期安全存储同样重要。在安全实施过程中，应考虑所有的攻击对象，如边缘侧、网络以及云端等。边缘安全将围绕设备、移动应用以及 Web 应用程序的完整性。网络安全应能够提供安全的通信信道，以防中间人攻击。最后，云安全需要解决包括数据丢失在内的数据隐私问题。

图 7.1 简要指明了构建可信物联网平台所需的组件。这些组件会在后续部分详述。

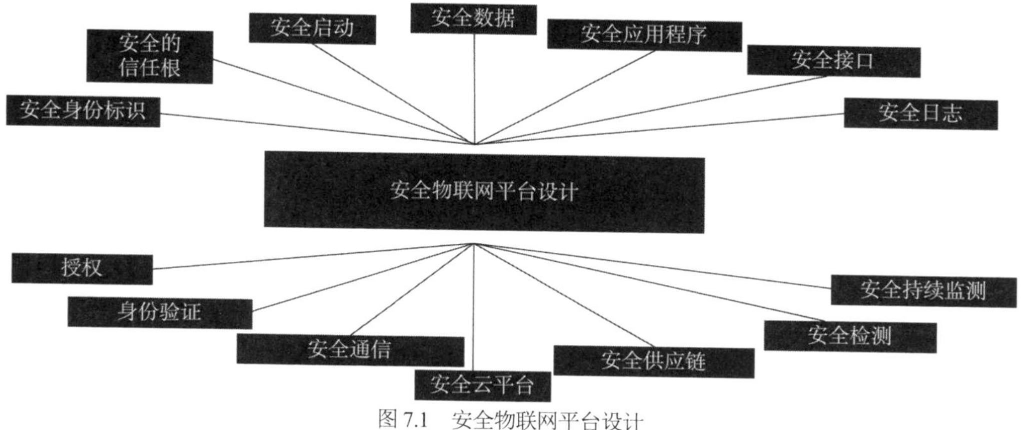

图 7.1　安全物联网平台设计

7.4　物联网设备安全

物联网设备指任何能够发送与接收数据和指令的连网的智能设备。这些设备可能是控制房屋温度的智能恒温器，或是运送物资的无人驾驶汽车，或者是用于帮助控制人体心跳的起搏器这样的医疗设备。本章前面部分已经讨论了安全物联网设备的需求。这一节将讨论如何保障物联网设备生命周期的安全，包括从生产制造到上线运行直至下线报废。图 7.2 描绘了设备生命周期的不同阶段。

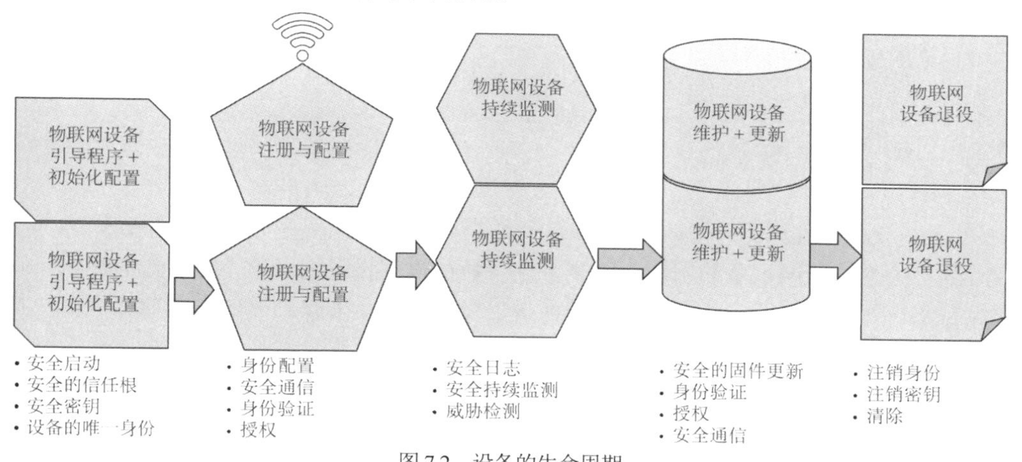

图 7.2　设备的生命周期

设备端的网络安全风险可通过在系统研发生命周期中使用特定技术解决，以下仅列出一部分：

- 使用安全引导过程
- 固件完整性检查

- 安全调试接口
- 安全通信
- 首次使用改变默认口令
- 移除调试账户
- 对篡改的物理防护
- 加固所有入口点
- 防意外设备
- 设备完整性检查
- 安全持续监测
- 威胁检测检查
- 漏洞修复流程
- 安全固件更新
- 使用安全存储保护身份和密钥
- 使用身份验证的可信平台模组(Trusted Platform Module，TPM)，硬件安全模组(Hardware Security Modules，HSM)或密钥管理系统(Key Management System，KMS)提供安全存储

当选择安全技术时，应牢记物联网设备面临的挑战。例如，由于硬件和成本限制，无法在物联网设备上部署复杂安全栈；使用开源软件库会增加设备遭到入侵的风险；更改设备所有方却不将设备返厂也会为物联网生态系统带来一些有趣的案例。物联网设备面临的另一特有的挑战是，在大多数情况下，物联网设备(如联网的心脏起搏器)并不像传统 IT 设备那样易于接触、管理或监测。接下来的几个小节将会对可信物联网设备所需的安全技术展开详细讨论。

7.5 可信物联网设备

可信的物联网设备应能够证明自身是设备应有的样子且执行符合预期的操作。对此，应清晰地定义物联网设备的用途，并基于设备特征提供设备唯一且不可篡改的标识，确保设备上执行的代码符合预期。物联网设备既可能是用于为家用真空吸尘器提供运行状态的监测，也可能是用于重症监护室(Intensive Care Unit，ICU)监测关键数据的互联网医疗设备(Internet of Medical Things，IoMT)。一旦知道了设备的用途，那么设备生命周期中的操作，如注册、配置、运行、退役、报废都应符合预设工作程序。

下一步，在设备生命周期的不同阶段，应识别由于网络安全威胁而导致设备不符合预期行为所引起的风险。一旦完成风险评估，就可通过安全设计解决设备的特定网络安全风险。目前，绝大多数物联网系统忽视的风险评估项保留了包括默认弱口令在内的出厂默认设置。常见的方式有：基于口令或者 PIN 码的静态口令、一次随机以及基于挑战响应的动态方法。

当使用默认的出厂口令登录后，系统应强制用户更改口令，且口令应符合标准的口

令指导，并使用业界认可的加密算法存储。这样虽然会带来安全分发口令或与第三方令牌系统集成的成本费用，但能够有效防止暴力破解。

7.6　可信的设备身份

物联网设备上线过程中，至关重要的环节是给设备绑定唯一的数字身份标识，数字身份标识应当基于设备中唯一且不可篡改的硬件特征(例如，芯片序列号等)和/或设备制造商等信息。物联网设备唯一不变的数字身份标识可为身份验证与授权提供坚实基础。唯一身份标识应融入访问控制，以阻止不可信设备与网络中其他实体通信。

目前，普遍采用的一种分配数字身份标识的标准是公钥基础架构(Plublic Key Infrastructure，PKI)X509 数字证书。PKI 技术会在后续章节中介绍。PKI 证书更偏向于在设备制造过程中而非上线前为设备分配数字身份标识，同时，要求证书的生命周期大于设备的生命周期，所以通常使用长期有效的证书。分配数字身份标识的关键环节是安全地存储身份凭证，即下一节将要讨论的物联网设备安全存储。

7.7　物联网设备安全存储

必须提供安全的持久存储，确保关键数据(例如，物联网设备身份凭证)在意外断电时不会丢失并保持安全。通常可使用片上 ROM(Read-Only Memory，只读存储器)或者 OTP(One-Time-Programmable Memory，一次性可编程存储器)或片外闪存提供存储。

7.8　安全启动与可信执行环境

安全启动是防御物联网设备漏洞的重要防线。在设备启动过程中，安全启动确保只从可信位置(例如，ROM 或闪存)加载信任根代码。安全信任根会在下一节讨论。如果没有安全启动功能，恶意软件将可能通过授权并在设备上运行，从而影响设备上其他操作的可信赖性。安全启动能够保障实体处于可信状态并通过 JTAG 接口对芯片执行安全调试。

物理层安全防护要求应用程序在保护域中通过可信执行环境(Trusted Execution Environment，TEE)执行。具有硬件隔离的安全处理器能够防止 TEE 外部的攻击篡改内部运行的数据和代码，而物联网设备低功耗、小电池、低算力的特点以及受限的存储空间都会成为实施可信执行环境的障碍。不过，这些问题可通过引入椭圆曲线加密(Elliptic-Curve-Cryptography，ECC)等轻量级密码机制解决。

ECC 是一种使用较短的密钥、消耗更少的计算能力，提供更快、更安全连接、安全性更强的加密算法。另外，考虑到如今使用的加密算法有朝一日可能失效，应考虑使设备具备无须返厂即可更新加密算法的能力。

7.9 信任根

信任根(Root of Trust，RoT)是所有安全操作的基础，原则上，应基于硬件身份验证的启动过程，保障设备只通过不可变源的代码启动。安全信任根中包含密钥，在安全启动过程中至关重要。

RoT 软件在使用出厂预置公钥(通常也作为根密钥)验证应用程序代码后才启动应用程序。通过嵌入可信硬件 RoT，可尽早地执行基于硬件标识的数字身份操作，以便提供安全固件启动、安全和可控的固件更新以及安全代码签名等所需的安全基础。RoT 也为远程设备的安全持续监测及进一步地安全管理设备奠定了基础。安全 RoT 可通过独立安全模组或处理器/片上系统(System-on-Chip，SoC)内的安全模组实现。

7.10 可信的固件与软件

设备的初始安装和升级过程中，应防止加载未经授权的软件。设备配置应具备使用授权实体的签名镜像修复漏洞的能力。修复能力可通过使用带有可信 PKI 证书链的数字签名和数字证书实现。

PKI 通过数字证书提供了公钥和密钥所有方身份之间的关联。证书经过 PKI 体系中的中级证书颁发机构(Certificate Authorities，CA)的签名。PKI 会在下一节中介绍。签名的 RoT 应存储在设备的防篡改存储器或安全存储空间中。签名的密钥应在硬件安全模组(HSM)中并接受严格的访问控制(美国联邦信息处理标准-140【FIPS-140】 2 级或以上)。图像的传输同样可通过加密保护。生产环境中的密钥绝对不可在测试、研发等其他环境使用。

安全软件研发生命周期(Secure Software Development Life Cycle，SSDLC)提供了固件和软件研发过程的最佳实践。在变更管理系统中，通过自动扫描和集成实现静态代码分析和漏洞扫描。已经建立的流程应建立补丁分发计划。执行特权软件时应进行隔离，例如，加密操作不能使用低级别权限软件执行。

7.11 公钥基础架构

公钥基础架构通过数字证书提供了公钥与公钥所有方身份之间的关联。对于实体而言，当请求数字证书时，需要首先单独生成一对密钥， 即公钥与私钥。公钥会发送给 CA 以发起证书签名请求(Certificate Signing Request，CSR)，而私钥应妥善地提供安全防护。

验证身份和签名请求是 CA 的职能。当执行 CSR 时，一旦通过身份验证，CA 会将通用名称等身份信息作为 X509 证书的一部分附加到公钥上，然后经 CA 的私钥签名。公钥在 CA 上签名并生成 X509 证书的过程将身份信息与公钥绑定。而安全启动是使用签名校验的一种情况，安全启动使用私钥对二进制可执行代码签名，所以，对二进制可执行代码的任何非预期更改都会在使用公钥执行签名校验时发现。公私钥签名-验签过程是基于公钥密码学体系的构想，包含了两个关键点：成对出现的公私钥，以及使用其中某个密钥加密的数据可通过另外一密钥解密。

7.12　可信供应链

供应链与设备从制造、运输、配置、运行至拆除的完整生命周期紧密关联，所以供应链也应当是安全、可信赖的。而在实际生产中，这种端到端的生命周期通常为人所忽视。虽然难以在网络上追踪数以百万计设备，但通过建设能够控制接入访问的安全物联网平台，将有效降低由存在于设备上或供应链各环节中的潜在威胁导致业务风险的可能。

7.13　安全随机数生成器

密码安全的最大挑战之一是执行加密相关操作时，需要用到真随机数生成器。NIST SP800-22、FIPS-140 2 级等美国相关标准、法律法规监管合规要求真随机数生成器必须符合一定的要求，才能用于加密操作。

之前的一系列介绍基本覆盖了物联网设备安全的各关键环节，但对于物联网设备而言，还需要考虑如何对用于交互的接口执行安全防护。

7.14　物联网 D2X 通信安全

做好物联网设备身份安全之后，下一步是考虑设备用于与外界通信接口的安全防护。通信接口应考虑到所有级别的协议，并包含网络接口，例如，Wi-Fi、蓝牙、蜂窝、GPS、以太网、USB，RFID 等。这些通信接口都有可能受到安全威胁，从而引发设备发生意外故障，甚至泄露敏感信息。物联网设备可能需要与其他物联网设备、用户以及云基础架构互联。本节涉及设备与设备间通信(Device to Device，D2D)、设备与用户间通信(Device to User，D2U)以及设备与基础架构间通信(Device to Infrastructure，D2I)，并且会聚焦在能够保障设备对 X 通信安全 D2X(Device to Everything，X 可以是设备、用户、基础架构或任何任意实体)相关的安全协议。

物联网世界中，设备、用户及基础架构对快速实时通信的依赖要求具体实现方式不但安全，而且具备高效、轻量与低成本的特点。安全解决方案应具备对中间人攻击、重放攻击等攻击方式的缓解能力。攻击方可能通过 USB 或带外(Out of Band，OOB)接口的漏洞安装后门和操纵设备。Wi-Fi 接口的漏洞将可能导致攻击方实现对设备的远程控制。尽管利用蓝牙接口的漏洞需要攻击方在设备附近操作，但攻击方还可通过在配对模式下使用未经授权的频段攻击。

缺乏标准化为物联网技术的推广使用带来了额外的挑战。应当尽可能地使用基于标准的协议。第 2 章介绍了物联网架构和技术要点。常用的物联网设备的网络协议包括 MQTT、CoAP、HTTPS 和 IPsec。物联网数据的连接包括 ZigBee、蓝牙、NFC、Wi-Fi、GPS、RFID，并经由物联网网关、路由器、4G 以及其他设备实现物联网设备与云端的数据交换。对于网络层安全，IPsec(传输模式或隧道模式)协议能够针对设备克隆、设备安全密钥窃取、欺骗、仿冒等威胁提供具备的机密性、完整性、身份验证以及防重放攻击的服务，并且具备消息验证身份验证机制，因此，可选择使用 IPsec 协议实现网络层的通信安全。在网络层的安全方面，IPsec 协议可用于 TCP、UDP、HTTP 以及 CoAP 的通信安全。IP 通信应当仅使用安全协议，例如，传输层安全(TLS)或(D)TLS。例如，可通过引入 TLS 保护 MQTT 协议通信安全，通过引入(D)TLS 保护 CoAP 通信安全。对于 Wi-Fi 连接，应使用带有 AES 或相似强度加密的 WPA2 身份验证方式。最后，所有的网络通信密钥都应以安全的方式存储。

7.15 互相验证的端点

通信中的两个端点在通信身份验证过程中互相验证数字身份。虽然有多种方式能够验证设备，但 X509 证书以及 PKI 仍然在提供用户、设备和物联网设备数字身份与身份验证方面至关重要。参考上一节对 PKI 机制的描述，在考虑基于证书的身份验证系统时，应着重考虑嵌入式物联网设备隐含的限制。证书的分发过程应考虑基于标准的证书分发协议，例如，安全证书分发协议(Secure Certificate Enrollment Protocol，SCEP)和安全传输协议分发(Enrollment over Secure Transport，EST)。密钥应使用 TPM 或 HSM 等专用硬件模组保护。

TPM 是一种嵌入系统中的硬件芯片，用于存储加密过程中用到的密钥。TPM 通常提供硬件可信根，而 HSM 提供密码学功能与安全密钥存储。当然，如果设备不支持基于硬件的防护时，应使用其他的安全方法限制访问与使用临时密钥。同样，企业应考虑到嵌入式设备上受限的存储空间，相对于 RSA(Rivest-Shamir-Adelman)算法，ECC 密钥更加高效。

7.16 安全信道与端到端消息完整性

具备端到端加密的安全身份验证流程能够保障只有合法设备能够加入网络，且消息无法篡改。设备间包括设备与其他实体(如云平台)的安全通信，都可通过应用具有设备证书的双向 TLS 实现。在部署保护多个联网设备的物联网网关或安全网关时，必须考虑特有的设计。部署物联网设备时，应使用网络隔离技术，并禁用不必要的服务。

7.17　安全持续监测系统

与其他系统相似，应仔细测量并采取措施缓解与安全系统自身相关的风险。目前，市场上的安全产品主要针对传统设备，且缺乏对物联网设备局限性的考虑，如硬件方面的限制、海量数据问题、通信连接以及定制的协议。这些物联网设备的局限性导致传统的入侵检测能力无法发现物联网中的恶意软件、侧信道、物理设备篡改以及拒绝服务等攻击。注意，应保证在攻击方破坏单个设备时，不会影响整个物联网。平台侧亦应考虑到物联网设备的特性，通过威胁检测与安全监测技术阻止恶意设备以及丢失设备的接入。

7.18　物联网设备到云端的安全

所有与云相关的产品应具备最新的安全补丁。Web 服务器应以可信 CA 证书链的方式标识身份，且应开启客户端证书身份验证。服务器上所有无关 IP 端口也应处于禁用状态。当作为云服务运行时，应满足云安全的产业标准要求，例如，美国国家标准与技术研究所(National Institute of Standards and Technology，NIST)的相关标准。

7.19　物联网数据安全策略与法律法规监管合规要求

7.19.1　物联网数据安全

物联网系统应保证自身的数据信息不会泄露。首先，需要参考资产识别，识别出物联网生态系统中的所有系统。之后，需要识别出系统中存储的数据、数据流转以及系统是如何处理数据的。接着，需要基于数据分类分级，选择合适的数据安全控制点，以实现相应的安全策略。例如，个人身份信息(Personally Identifiable Information，PII)在物联网生态系统中采集、存储、处理以及传输过程都应保证数据的机密性、完整性和可用性。敏感数据不论在存储还是传输过程中都应处于加密状态。同样，也有些物联网组件不会存储或处理任何数据，对于此类组件，需要避免设置不必要的安全控制措施。

7.19.2 物联网设备数据防护

物联网应保证数据防护措施时刻生效，且需要参考如 HIPAA、GDPR、PCI DSS 等产业法律法规监管合规的要求、策略与标准。在数据生命周期中，应持续执行数据的分类分级与标签机制。当设备下线时，同样应执行数据脱敏控制措施。数据留存与生命周期应符合法律法规监管合规要求，并且安全策略也应覆盖数据的备份。通过使用加密技术，能够确保当非法用户盗取加密数据时无法访问原数据。而使用安全密钥管理平台的身份验证与加密能力可保障设备以及数据的安全与隐私。最后，设备的补丁管理流程中应具备无线(Over the Air，OTA)更新能力。

7.19.3 物联网用户隐私

物联网生态系统中，间接或直接处理个人信息的系统应保护个人隐私。因为侵害个人隐私可能造成严重的法律影响，所以物联网服务应最小化存储个人信息并确保个人信息在存储和传输时始终处于加密状态。生态系统中其他实体对个人信息的访问应严格控制访问权限，并且数据应使用匿名化技术。需要考虑本地或国际的法律法规监管合规要求。另外，由于存在由同一供应商设计制造的组件会供应不同国家的多个下游供应商的情况，因此，数据留存策略和用户权限对个人数据的收集应参照当地或区域的数据保护合规要求执行。在设备的生命周期过程中的物联网设备的网络安全和隐私风险管理可参考 NIST 相关标准。

7.19.4 物联网云端数据保护

现今,无论是应用程序还是服务的研发与部署都会用到云平台。由于云数据库存储(例如，数据湖和数据仓库)得到越来越多的应用，因此，能够对云技术造成影响的威胁都有可能造成云数据库存储潜在的敏感数据泄露。通过用户账号劫持或获取管理员 API 接口权限，入侵方能够肆意滥用云服务器跨网传播恶意代码。一旦对云端风险获得充分了解，就可通过为包括数据分类分级以及不同组件之间的数据流部署合适的机制，将数据的签名和验证数字化，以保护数据的完整性。

此外，应对企业内部或云端数据访问建立基于身份和访问管理的角色访问控制和持续监测机制。需要对物联网设备所产生的敏感数据使用加密技术和数据匿名化技术，解决云端数据对云服务提供商或未经授权的云租户可见的问题，从而保证机密性。敏感数据无论处于静态还是传输过程，都应处于加密保护状态。静止状态的数据加密可使用对称或非对称密钥机制，其中，对称密钥机制使用相同的密钥加密和解密，非对称密钥使用不同的密钥分别加密和解密。而数据传输加密可使用包括 HTTPs、SSH 或者公钥身份验证等方法。其中，关键的决策是，要确保拥有密钥的业务没有锁定于特定的云服务提供商。

失去对所拥有数据的物理或逻辑访问控制是一种重大风险，因此，应要求云服务提供商提供清晰的访问与监测程序。由云服务提供商提供的数据物理位置信息应当符合法律要求。务必清晰地理解云服务提供商提供的数据可用性或可用时间的服务水平协议(Service-level Agreement，SLA)。数据所需的安全控制措施应持续与云服务提供商执行的数据备份、复制操作共存。如果云服务提供商没有采取合适的操作执行数据脱敏，将可能导致未授权的信息泄露。安全情报与事件管理(Security Intelligence and Event Management，SIEM)技术配合适当的日志和审计，能够持续监测并识别数据库系统中潜在的违规行为。持续监测交易并对违规予以警报的轻量级主机代理也是一种有效的解决方案。

另外，由于能够提供跨计算环境的敏捷性及可移植性，容器技术的使用率得到了快速提升。容器化通过应用程序与主机系统以及应用之间的隔离提供了一定的安全性，但同时也引入了越权访问和错误配置等新的安全漏洞。

虽然 NIST 的相关标准可作为容器安全的参考标准，但本书将介绍一些可用于保障容器完整性的必要安全技术。容器完整性保障包括了容器内反恶意软件、使用入侵防护系统监测流量、维护注册容器镜像的签名与更新、持续的漏洞与密钥扫描、维护持续集成/持续交付管道的完整性、用于镜像管理和分配策略的基于角色的访问控制以及对容器健康的持续监测等技术和解决方案。

7.20　物联网可信平台

物联网平台在物联网生态系统中提供了对连接设备的自动化管理与配置。第 1 章讨论过，物联网生态系统由硬件设备采集或处理数据，软件分析数据，网络基础架构将数据和云平台互联、管理应用以及用户接口构成。本节围绕物联网平台维护可信、安全、隐私与意外防护等关键任务的重要性展开讨论。在设计物联网平台时，应当重点关注软件、工具与策略与建立具备完善的控制并确保整个平台上的数据的法律法规监管合规、隐私和安全等方面的要求。

物联网设备数据的产生频率以及生成量对于设备的运行或环境安全至关重要。考虑到处理数据的安全性，可能需要在边缘侧处理和分析这些数据。使用物联网平台的标准 API 接口，可较为容易地将不同种类的设备接入企业内部网络或基于云计算的物联网平台。可信的平台应当能够支持多种设备专有协议、在边缘和云端分析数据并监测物联网端点。基于安全方面的考虑，应确保物联网平台只使用必要的协议。

物联网平台的能力应综合安全、能耗、稳健以及互操作性等多方面予以衡量。结合前面讲解的安全实践细节，可将安全集成到与物联网平台相关的各个组件、层级以及应用程序中。安全的集成能够有效降低构建可信物联网平台面对的网络威胁。下面，总结列举本章相关的安全实践。

7.21 安全身份验证

安全的物联网平台应对用户和设备启用安全身份验证。强制执行设备连接至平台应默认使用双向 TLS，并确保加密和双向身份验证信道。

7.21.1 密钥的安全配置

密钥的安全配置(包括密钥生成、注入、分发、撤销和销毁)都应按照美国 FIPS-140 级别 2 或类似身份验证的法律法规监管合规要求强制执行。注意，密钥应存储在能够防止篡改的安全存储设备之中。

7.21.2 安全 Web 接口

为防止常见的 Web 攻击，应符合强交互身份验证及 OWASP 准则设计，同时，应尽可能地使用标准 API 接口(如 REST)。

7.21.3 安全移动应用程序

移动应用程序应使用基于 mTLS 的强交互身份验证通信协议，还应遵守 OWASP 准则，以防止针对常见移动 App 的攻击。

7.21.4 安全 API 网关

API 网关应能够防护用户仿冒、中间人攻击以及会话重放攻击。

7.22 端到端安全(含第三方)

在物联网全景图的每一层都集成安全最佳实践，包括身份与访问控制、安全代码扫描、漏洞扫描以及威胁监测，以实现端到端的安全防护。

作为持有客户数据的第三方供应商，保持合规并维护客户的信任是重中之重。

7.23 学以致用：网联车辆案例

以图 7.3 中的网联汽车示例为参考，熟悉本章概念。

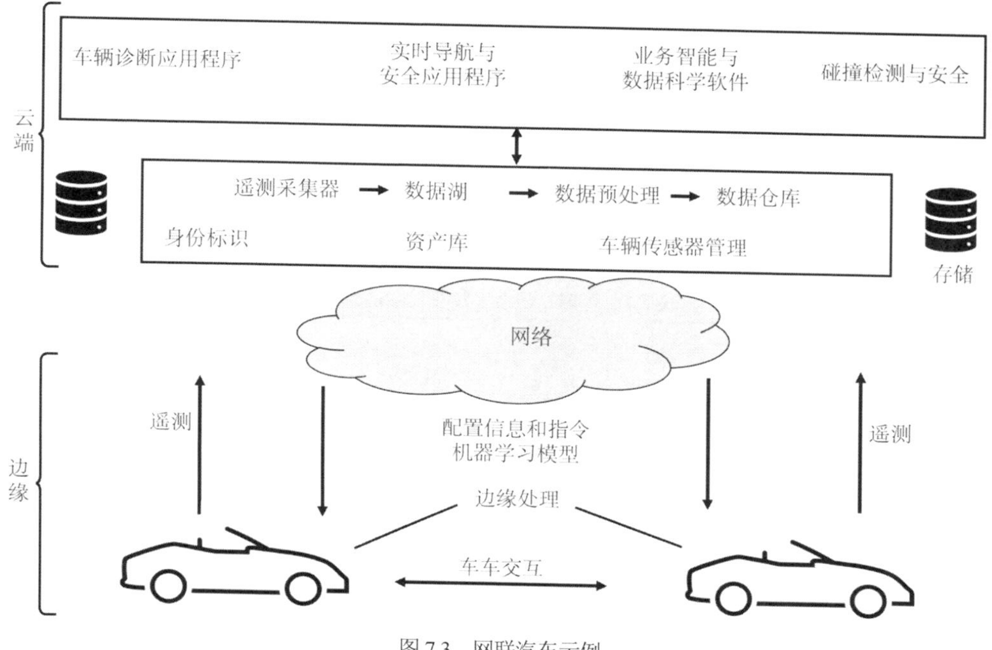

图 7.3　网联汽车示例

网联汽车提供了更好的驾驶体验的同时，也增加了暴露给攻击方的网络攻击面。可以想象，如果攻击方远程接入网联汽车的计算机系统并中断了发动机以及刹车等关键安全系统，将直接威胁人员生命的安全风险。另外，盗窃存储于车辆或后台服务器的个人数据、使用数字钥匙盗窃车辆，以及移动应用程序的安全漏洞也是亟待解决的安全问题。同时，必须控制由于误用车辆诊断系统而导致的非预期的操作(例如，禁用车辆刹车系统)。

车辆通过车车通信、车边通信、车云通信以及车内通信发送位置信息、状态信号等信息以避免事故，并通过 OTA 机制获取更新。所以，任意系统远程信息处理、控制 ECU、传感器或无线通信等方面的漏洞都可能因受到攻击而引发严重后果。

安全设计应当贯穿网联汽车的全生命周期，包括机密性、完整性及所有数据交换的身份验证机制。良好的安全设计能够确保车车通信、车辆与基础架构通信之间的端到端消息身份验证使用 TLS 端到端消息签名，从而有效地保证两个消息源之间的消息是未经篡改的。而固件签名能够防止被篡改的固件镜像启动，从而保证启动过程的安全。

PKI 等安全技术能够保障通信过程中消息的安全并实现消息身份验证，从而实现消除硬件仿冒，实现安全的 OTA 通道，控制对固件的访问以及隔离关键应用与非关键应用等完善的物联网安全策略。需要注意，网联汽车整个系统的设计应考虑到对单一车辆漏洞的攻击，不能影响系统中的其他车辆。另外，也需要解决数据治理以及隐私安全问题。必须制定漏洞和应急响应方案。在部署常规安全测试与安全代码实践的同时，第三方供应商还需要严格遵守安全补丁更新规定。

7.24 总结

可信的物联网平台具备原生的关键安全身份验证原则、机密性、完整性和韧性，从而能够平衡数据安全和用户隐私合规、监管机构要求以及业务需求。

表 7.1 中列出了构建安全可信的物联网平台时，需要考虑的关键操作以及相关领域的摘要。

表 7.1 可信物联网平台关键运营领域

关键操作	相关领域
安全事故响应与调查	客户可视化
应对内部威胁	客户控制措施与责任共担模型
应对资产管理	合规、审计与认证
安全的账号管理	应对零日恶意软件及勒索软件威胁
安全的接口与 API	稳健的服务水平协议
安全的联合身份与访问管理	信息安全策略
安全的密钥管理	治理风险合规(GRC)计划
安全的数据安全控制措施	解决供应商锁定关注点
网络与基础架构安全	安全的软件研发生命周期，包括设计与部署
安全日志、持续监测以及威胁检测	周期性员工培训

附录 物联网网络安全威胁与风险审查案例

本章讨论了为什么应使用基于风险的实现方式将安全集成到物联网系统的研发生命周期中。本节将结合自动化工厂的案例，执行网络安全威胁审查，并讨论可实施哪些安全控制措施。

网络安全威胁审查流程从资产及相关威胁识别、风险评估、风险评分、定义风险缓解措施到采取安全控制措施，保护关键资产免受网络威胁。另外，在执行风险评分时，还应综合考虑风险影响以及发生的概率。风险影响评估可参考以下问题：

- 攻击会影响到人员安全吗？
- 攻击会影响到个人隐私数据吗？
- 攻击会导致财务损失或影响业务口碑吗？
- 攻击会导致服务停止吗？
- 攻击会导致数据损失或信息泄露吗？
- 攻击会导致违规吗？
- 以及其他问题。

对系统 A 执行风险评估(如表 7.2~表 7.5 所示)，并得出表 7.6 中的安全建议：

表 7.2　ECU 组件 X 及传感器 S1

目的	速度控制，发动机控制
是否关键资产(是/否)	是
协议	CAN
网络	内部子网络 1
威胁	ECU、传感器以及网络破坏
攻击成功后的安全风险	高
安全建议	固件安全、安全启动、安全身份、网络隔离、访问控制措施、基于 TPM 或 HSM 的安全存储

表 7.3　ECU 组件 Y 以及传感器 S2

目的	娱乐
关键资产(是/否)	否
协议	蓝牙，Wi-Fi
网络	内部子网络 2
威胁	ECU、传感器以及网络破坏
攻击成功后的安全风险	高
安全建议	访问控制措施、身份验证

表 7.4　ECU 组件 Z 以及传感器 S3

目的	胎压监测，转向控制
关键资产(是/否)	是
协议	CAN，FlexRay，射频
网络	内部子网络 2
威胁	ECU、传感器以及网络破坏
攻击成功后的安全风险	高
安全建议	固件安全、安全启动、安全身份、网络隔离、访问控制措施、基于 TPM 或 HSM 的安全存储

表 7.5　组件 M

目的	维护，诊断
关键资产(是/否)	否
协议	OBD II 接口，以太网
网络	内部子网络 2
威胁	系统与网络破坏
攻击成功后的安全风险	高
安全建议	连接接口的安全和受到管理的设备(笔记本计算机，个人计算机)、访问控制措施、身份验证

表 7.6 ECU 网关组件 N

目的	D2X 对外通信发送遥测数据
关键资产(是/否)	是
协议	3G/4G/LTE，Wi-Fi，蓝牙，ZigBee，GPS，USB
网络	外部网络通信
威胁	ECU 及网络破坏
破坏后安全风险	高
安全建议	安全固件更新、防火墙、身份验证、身份、智能手机设备身份验证、隐私考虑(与用户绑定的车辆位置信息)、使用 mTLS/PKI 的安全通信、网络隔离、访问控制

加密算法

本部分将列出一些业界广为使用的加密算法(如表 7.7~表 7.9 所示)，以供选择。由于当前的加密算法可能会过时，因此本节给出的算法仅供参考。建议以最新的美国 NIST 800-131A 密码学标准为参考。也应考虑无须召回在用设备即可使用更新的标准替换旧密码算法的可行性。通过加密，可确保未授权用户窃取到数据后，仍然无法访问正常数据。

- 用于机密性的高级加密标准(Advanced Encryption Standard，AES)分组密码
- 用于签名和密钥传输的 RSA(Rivest-Shamir-Adelman)、ECC 非对称加密算法
- 用于密钥协商的 DH(Deffie Hellman)非对称算法
- SHA-256 哈希算法
- IPsec，一种具备机密性、完整性、身份验证、重放保护服务以及消息完整性的端到端安全网络协议

表 7.7 常用使用的加密算法

加密操作	加密算法及密钥长度
伪随机数功能(prf)	HMAC SHA-256
哈希功能	SHA-256
Deffie Hellman 分组	2048 MODP
消息认证码(MAC)	HMAC SHA-256
对称算法	AES GCM
非对称算法	RSA 2048, ECC
证书标准	X509

表 7.8 行业合规及标准

ISO 9001	ISO 27001	ISO 27017	ISO 27018
PCI DSS 级别 1	NIST	FIPS	通用标准
FISMA	DIACAP	FedRAMP	PSD2
SOC 1/ISAE 3402	SOC2	SOC3	行业特定标准
CSA			

表 7.9　术语

缩写	全称
prf	伪随机数功能(Pseudorandom Function)
DH	Deffie Hellman
RSA	Rivest-Shamir-Adelman
MAC	消息认证码(Message Authentication Code)
AES	高级加密标准(Advanced Encryption Standard)
ECC	椭圆曲线密码算法(Elliptic Curve Cryptography)
EST	安全传输注册(Enrollment Over Secure Transport)
SCEP	安全认证注册协议(Secure Certificate Enrollment Protocol)
PKI	公钥基础架构(Public Key Infrastructure)

第8章 自动化

本章将讨论自动化。自动化本身是个非常广阔的范围，既可独立于领域实施，也可在特定的领域里实施。本章还将介绍物联网设备配置和生命周期管理，简要说明如何完成物联网设备的维护和退役，并介绍零接触(Zero Touch)、即插即用(Plug and Play，P&P)等物联网设备的基本概念，以及用于通用物联网系统自动配置的商业控制软件。自动化还涉及软件和软件生命周期管理。云计算和边缘计算在自动化中发挥着越来越重要的作用。

8.1 简介

不能做到自动化，就无法实现规模化。

数字化转型与互联、自动化、分析和价值链改善密切相关。利用物联网设备，可连接万物、实施自动化、收集数据、分析数据，然后采取合理活动以创造更高的价值。本章主要关注自动化。术语“自动化”(Automation)是指一种操作状态，在这种状态下，预设的流程或工作程序在基本没有人工干预的情况下处理或执行。

由于物联网涉及从物联网设备到网络基础架构再到应用程序基础架构等众多领域，因此必须针对某个指定领域探讨自动化。

可从四个不同的领域探讨物联网中的自动化：

- 物联网设备生命周期管理
- 自动化网络基础架构
- 自动化应用程序基础架构
- 自动化工作流

第一个领域包括物联网的设计、即插即用预置、运营和优化，第二个领域则是对管理物联网系统的网络连接和应用程序实施自动化。本章将专注于第一个领域，并简要介绍第二和第三个领域，因为这两个领域本身就是庞杂的主题。

8.2 物联网设备的生命周期管理

设备的生命周期管理包括以下四个主要操作：

- 预置和配置
- 运营
- 维护
- 退役

基本的物联网单元包括用于输入的传感器、用于输出的执行器以及中央处理单元(CPU)和可选的内存单元。物联网设备生命周期管理通常是物联网系统的关键方面，执行了将物联网系统转变为“智能”系统的任务。换句话说，如果物联网设备的设计、配置和维护实现了自动化，那么该物联网设备就是智能设备。当物联网单元成为智能单元，物联网设备就可兼容或助力实时系统。在实时系统中，对命令的响应是即时的。

8.2.1 预置和配置

连接和预置是物联网设备管理的第一阶段。预置的含义是配置设备，以便在网络上执行身份验证和验证数据传输规则。物联网设备需要与控制平台建立稳定安全的通信链路。身份验证机制可防止对控制中心未经授权的访问。预置包括在主机系统中注册设备。

设备的身份识别(Identification)和身份验证(Authentication)是“预置和配置”流程的第一步。设备身份验证包括安全地建立和确认设备身份，以确保在设备识别证书与存储在控制服务器中的内容匹配的情况下信任该设备。一旦物联网设备上线，设备就会从安全存储空间加载证书或密钥，将设备识别为验证的设备。然后，设备连接到云端或本地网络上预定义的服务器。服务器通过身份验证机制识别该设备，并在该设备和服务器之间建立通信。有时，基于服务器中的应用程序，服务器可向设备发送或者推送更多相关的配置数据。基于物联网设备所使用的应用程序，物联网设备可从中央服务器或本地系统获得配置数据。例如，如果将物联网设备的应用程序用于车辆追踪，一旦物联网设备与中央服务器建立通信，就需要从设备输入车牌号和车辆识别号(Vehicle Identification Number，VIN)等车辆详细信息，并写入服务器的配置文件中。

一旦预置和配置完成，物联网设备就可从服务器接收控制和指挥指令。为从错误状态中恢复正常，物联网设备必须能够从服务器接收重置命令。物联网设备收到重置命令后，将自行重置并返回到已知的正常状态。

8.2.2 运营

物联网设备的运营包括从中央控制中心向设备发出指令和控制操作设备等常规功能。除了设备的常规功能之外，中央控制中心还定期监测设备的运行状况，并运行诊断软件，以减少停机时间。例如，通过持续监测某些统计信息(例如，CPU 利用率、存储器消耗和某些网络参数)，维持物联网设备的健康运行状态。例如，在某种情况下，CPU 利用率从正常情况下的 10%上升到 70%，则说明设备或网络可能存在问题。控制中心应立即发出警报，并运行诊断应用程序，以确保停机时间最短。

在很多情况下，对于无法从物理上访问的物联网设备，诊断软件需要远程识别并修复问题。

8.2.3 维护

物联网设备的维护是物联网设备生命周期管理的重要方面，包括物联网设备的硬件和软件维护。硬件维护包括例行的开机自检(Power On Self-Test，POST)、运行诊断程序等，用于确保硬件功能正常。软件维护包括对有错误的设备软件通过升级修复软件，或者将软件升级到包含了更多功能或者修复了更多的错误的新版本。在设备联网的情况下，软件使用通过在线业务软件升级(In-service software upgrade，ISSU)方法更新软件。类似于为人类做心脏手术，ISSU 机制允许在网络设备中推送和升级软件，同时网络设备还在正常运行，且可继续处理数据包流量。在硬件中，如果现场可编程逻辑门阵列(Field Programmable Gate Arrays，FPGA)、复杂可编程逻辑设备(Complex Programmable Logic Devices，CPLD)和闪存等现场可编程设备(Field Programmable Devices，FPD)是兼容系统可编程(In-System-Programming，ISP)的，则也会同时升级。控制中心基于设备升级是常规维护还是按需升级，将升级所需的镜像文件推送到物联网设备。

在无线系统中，物联网设备的维护和升级必须确保网络连接稳定。在实施维护之前，处于维护状态的物联网设备必须与服务器建立稳定的连接。

8.2.4 退役

退役是物联网设备生命周期管理的最后阶段。当硬件过时，需要升级或不再需要使用时，硬件就需要停止使用。通常，物联网设备的设计阶段就预配了停止使用状态。这样，物联网设备就可安全地从远程与系统断开连接。在停止使用时，通常将重置设备并将删除内存，使设备无法启动，这样就可确保未经授权的用户不能使用该设备。此外，如果人员无法进入现场安装或者配置设备，设备能够远程停止使用就更加重要。当人员能够访问设备时，停用的设备通常将从系统中物理移除并电子报废。

8.3 零接触物联网设备

零接触物联网设备在设备的整个生命周期中都不涉及人工干预，设备生命周期管理的所有阶段都是自动完成的。通常，零接触设备在初始加电后自动配置，设备将自动维护，直到设备退役。

8.4 即插即用物联网设备

即插即用物联网设备是零接触物联网设备的一种，也是可自动配置的设备。即插即用物联网设备加电后，会自动完成从预置到维护的所有步骤，无须人工干预。

8.5 物联网 SIM 卡和管理

用户身份模块(Subscriber Identity Module，SIM)卡在手机中十分常见，在所有人的日常生活中广泛使用。SIM 卡也用于物联网，可将物联网设备连接到互联网以交换数据。物联网 SIM 卡通常比在手机中使用的传统 SIM 卡更耐用。用于物联网应用场景的 SIM 卡被称为工业级 SIM 卡。与普通 SIM 卡不同，工业 SIM 卡使用时间更长(约 10 年)，还要能处理非常高的数据传输速率。物联网 SIM 卡必须可承受从零下 40℃至 100℃的温度变化。

8.6 商用物联网控制软件

有多种用于物联网设备生命周期管理的商用物联网控制软件，下面列出其中的部分：

- Jasper 控制软件(来自 Cisco Systems Inc.)
- Google 云物联网
- Aeris
- ARM

8.7 物联网网络架构的安全自动化

本章主要讨论了物联网自动化重点关注的领域，即使用自动化技术管理物联网设备的生命周期。但是，在自动化方面还需要考虑更多的因素。构建的网络基础架构需要网络操作自动化的支持，这本身就是庞大的主题，要单独用一本书的篇幅介绍。

谈到自动化网络运营时，必须考虑包含规划、部署、运营基础架构、优化甚至停止使用的整个生命周期。需要强调，管理和自动化的信息和数据为自动化提供了依据。

正如本书所谈论的数字化转型一样，自动化本身就意味着令正在运作的基础架构实现数字化转型，而运营自动化所需的数据正来自运作中的系统。这就要求能够了解系统的健康状况和所处的状态，并且可使用自动化技术主动管理系统的健康状况，并基于需要更改状态。自动化很大程度上依赖于来自网络基础架构的数据遥测，物联网网络基础架构的自动化如图 8.1 所示。当这种遥测来自大规模的基础架构时，需要专门的数据收集技术，这些技术本身需要数据中心调配横向扩展架构，以收集大量的遥测数据。

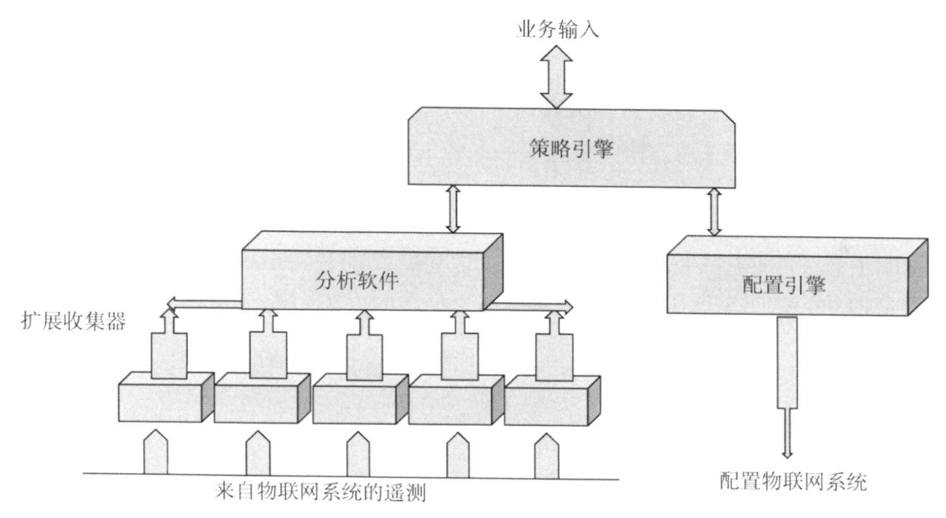

图 8.1 物联网网络基础架构的自动化

自动化软件一旦收集到遥测数据，就开始分析遥测数据，维护基础架构的健康状况。当接收到变更请求时，不论该请求是为了确保用户体验而需要主动实施变更的遥测指令，还是有明确的业务驱动的输入(例如，新的客户或服务水平协议)，网络基础架构都将自动更改配置。

这些配置更改基于业务需求或管理基础架构的算法规定的策略实施。策略引擎可基于来自遥测分析的信息决定是否改变状态。通过配置引擎和复杂的配置技术实施变更，将配置实施到网络中。这些配置引擎维护状态，包括当前状态和之前的状态，以便在出现问题时自动回滚到之前的状态。随着云基础架构、开源软件、大规模横向扩展架构的引入，网络运营的多种工作已经实现自动化。但需要注意，伴随着自动化过程，安全威胁也将随之出现，因此，必须在应用程序、网络、数据处理和设备级别实施合理的安全控制措施。

8.8 物联网应用软件设计原则

有一些高级的软件应用程序可帮助实现网络基础架构自动化，而另一些应用程序可帮助处理数据，数据系统本身是由软件构建的。基于业务和价值链的软件在分析来自物联网单元的数据后，可利用数据系统和基础架构自动化软件中的数据改善价值链(物联网系统)，并通过实施新配置和改变价值链的运作方式实现这种改善。来自自动化价值链的数据提供持续反馈，并持续分析，从而实施相应的业务策略变更。所有这一切都需要高度可扩展的软件，该软件本身的管理也必须是自动化的。

当代软件架构具有以下关键特征：

- 将软件功能划分为松散耦合的独立微服务，每个微服务实现单一任务

- 微服务在需要的时候可横向扩展，并为其他软件服务提供网络应用程序接口，以实现与其他软件服务的交互
- 来自不同提供商的微服务可互相协作
- 微服务在逐步成为云软件服务生态系统的一部分，在云软件服务生态系统里，微服务可使用其他的云服务，也可被其他云服务使用

应用程序软件可直接在计算机硬件、虚拟机(Virtual Machines，VM)或容器内运行。虚拟机的生命周期通过 VMware 等公司的软件功能或者 Kubernetes(K8s)等产品实现自动化。越来越多的微服务使用容器模型实现。下一节将介绍云原生软件研发模型。

8.9 云原生软件

云原生计算基金会提供了云原生软件的官方定义：

“云原生技术可帮助组织能够在公有云、私有云和混合云等新型动态环境中构建和运行可扩展的应用程序。云原生的代表技术包括容器、服务网格、微服务、不可变基础架构和声明式 API。这些技术可用于构建具有韧性、易于管理和便于观察的松耦合系统。结合可靠的自动化手段，云原生技术能够帮助工程师们轻松地对系统作出频繁和可预测的具有较大影响力变更。”

现代软件使用云原生原则设计和研发，包括物联网自动化和应用软件。虽然物联网自动化和应用软件依赖于域(网络与物联网设备管理与分析软件)，但是越来越多的工程师开始使用免费、开源的软件构建块(如图 8.2 所示)。从概念上讲，需要软件基础架构设施(最好是作为服务的软件基础架构)帮助应用程序使用计算、存储和网络资源。同时，还需要持续研发和部署应用软件，管理其生命周期(安装、配置、升级和退役)，并且持续观察和监测其性能。

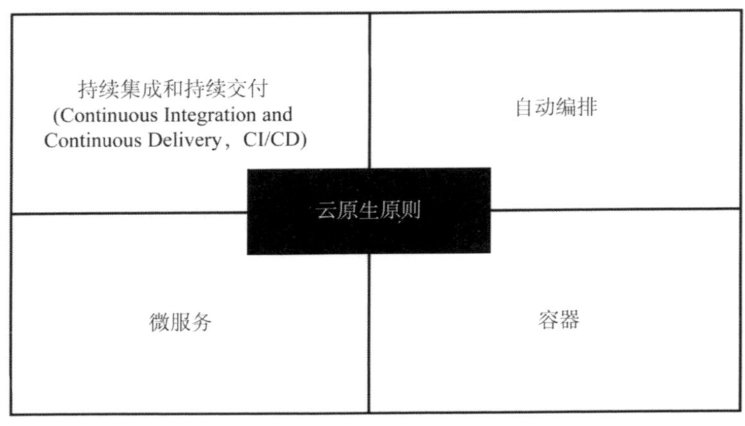

图 8.2　云原生软件构建块

开源软件在 AWS、GCP 和 Microsoft Azure 等主要公有云上部署，作为服务提供给应

用程序的研发人员，用于帮助应用程序研发人员能够立即使用相关的功能，并可同时帮助物联网应用程序研发人员只需要关注其功能所需的逻辑。这同样适用于网络自动化软件和价值链工作流自动化软件。接下来的小节将在高层次上评述一些构建块。更多详细信息可通过查阅网络上的开源文档获得。

8.9.1 Linux

Linux 是互联网和云基础架构中的操作系统，构成了现代软件研发的基础。操作系统有助于管理与计算、网络和存储相关的硬件资源，并允许应用软件有效地使用硬件资源。

8.9.2 虚拟机

虚拟机使用软件模拟真实的计算机，操作系统在虚拟机软件上运行，就像在实际硬件上运行一样。通过使用虚拟机，单台硬件资源可由多个虚拟机共享，每台虚拟机运行自身的操作系统实例。虚拟机支持操作系统级别的隔离。

8.9.3 容器

容器将应用程序软件与所需的库和二进制文件打包为可执行文件。通过使用容器，应用程序代码在任何平台都可灵活运行。容器是专注于单一功能的小型化可执行软件。微服务作为容器构建，多种微服务协同工作以提供完整的软件功能。容器提供应用程序级别的隔离。

8.9.4 Kubernetes

按照云原生计算基金会的定义，Kubernetes 是开源的容器编排系统，用于自动化计算机应用程序部署、缩放和管理。K8s 最初由 Google 设计，现在由云原生计算基金会维护。目前，Amazon、Google、Microsoft、IBM 等服务商提供多种托管的 K8s。K8s 奠定了快速研发和部署云原生应用程序的基础。

K8s 为应用程序研发人员提供了相当多的功能，以实现更快的部署和管理。服务发现允许将容器化的应用程序作为一项可用的服务部署到互联网上，对全世界可见。K8s 还可在应用程序的多个示例上实现负载均衡技术。如果应用程序需要访问存储，K8s 将安排研发人员安装所选的存储系统。K8s 支持容器的自动扩展和回滚，并将基于策略为容器分配 CPU 和内存资源。当容器失败并需要重新启动时，K8s 也可重启容器。最后，K8s 也为应用程序管理机密信息提供支持，如口令和 SSH 密钥。

8.9.5 持续集成和持续交付

因为有多方面的人员共同致力于研发应用程序，所以把众多研发人员的研发成果集成到一起是功能整合的关键步骤之一。过去，在研发的后期才会把代码集成在一起，那时，各个研发团队和子项目的代码已经非常庞大，因此，代码集成会引入更多的缺陷，并花费更多的时间。在过去20年，现代软件研发是在单一的主线软件库上完成的，主线软件库频繁集成了由大量研发人员贡献的少量代码。自动化构建和自动化测试支持一天多次频繁的软件集成。包括软件研发和测试的工作流都已经自动化，从而支持持续开发和持续集成，并且提高了生产力。整个概念称为持续集成(Continuous Integration，CI)。多种工具支持在软件组织中开发CI管道。

一旦代码集成完成并通过测试，就必须交付并部署。正如每天都可集成很多次代码，现代应用程序也会经常更新。现在，交付部署的模式已经由大量代码的少次更新交付部署，范式转变为少量代码的频繁更新交付部署。持续交付(Continuous Delivery，CD)的整个过程使用Spinnaker(见网址8.1)等工具实现自动化。Spinnaker是开源、多种云的持续交付平台，可高速可靠地发布软件更新。多种云是关键考虑因素，因为多种云意味着可在不同的云平台中使用Spinnaker，同时调用不同的云平台中已发布的软件。Spinnaker可与K8s协同自动部署应用程序软件，使用持续集成工具，从而支持与持续集成工具同步的全自动持续集成/持续交付工具。

8.9.6 可观察性

一旦应用程序部署上线，就必须监测其运行状况和性能。但是，应用程序必须具备适当的可观察性。精心设计的应用程序提供各种指标(如资源使用情况)、日志(观察记录正在发生的事情)、事件通知(当出现问题或不正常时)和追踪记录(以排除故障)。高度仪表化的应用程序支持连接工具和系统，这些工具和系统可存储观察到的指标、日志、事件和追踪记录，以供软件工具或者技术人员分析。这些功能使应用程序能够不断扩展规模和提高性能。应用程序性能监控是另一个发展良好的领域，Appdynamics和DataDog等公司可帮助应用程序研发人员改善其应用程序；Splunk等公司帮助应用程序存储和分析日志；而Prometheus是一款自由软件，越来越多地用于应用程序事件的监测和警报。

8.9.7 应用程序安全

切记，确保应用程序软件的安全非常重要。要确保安全，需要安全地存储口令和SSH密钥等机密信息。只有经过身份验证的用户才能使用应用程序，用户的访问权限必须基于角色分配。必须持续监测应用程序的违规情况，并制定更正流程。此外，应用程序维护必须具有明确的策略和工作程序，以防未经授权的访问。应用程序的软件研发生命周期必须遵循安全研发流程。第7章详细讨论了有关安全的问题。

8.10 价值链工作流的自动化

仅仅自动化基础架构组件(例如，设备/传感器的管理、网络和软件)是不够的。价值链一旦被数字化和连接，就必须实现自动化，以实现持续改善。当来自传感器的数据传入、处理和分析时，必须采取措施改善价值链。这些改善行动必须尽可能数字化和自动化，以增进速度、规模和效率。

例如，如果在行驶10万公里后主动更换铁路机车的车轮可避免故障并减少停机时间，就必须计划更换，以改善业务关键绩效指标。然而，随着数据的收集，例如，监测车轮老化和微裂纹后，发现车轮可行驶更长的距离，甚至达到12万公里，这一变化可为铁路运营公司节约成本。重要的是，在实施过程中，工作流将包括车轮老化和微裂纹的监测自动化，以便最大限度地使用车轮，同时不会导致安全或停机问题。

8.11 边缘计算和云计算

在关于网络架构和数据系统设计的章节中提到，边缘计算在物联网系统设计中日益重要。在边缘计算中，在边缘预置计算、存储和网络。边缘是物联网单元本身或物联网网关。边缘计算的目的是为低延迟应用程序提供服务，或者分层处理数据和工作负载。通过使用边缘计算，避免所有的数据和工作负载集中在公有云基础架构中(如图8.3所示)。边缘计算的另一个目的是优化网络带宽使用率或预防网络连接中断的影响。部分的计算和存储由边缘处理，不会增加边缘设备本身的负担。

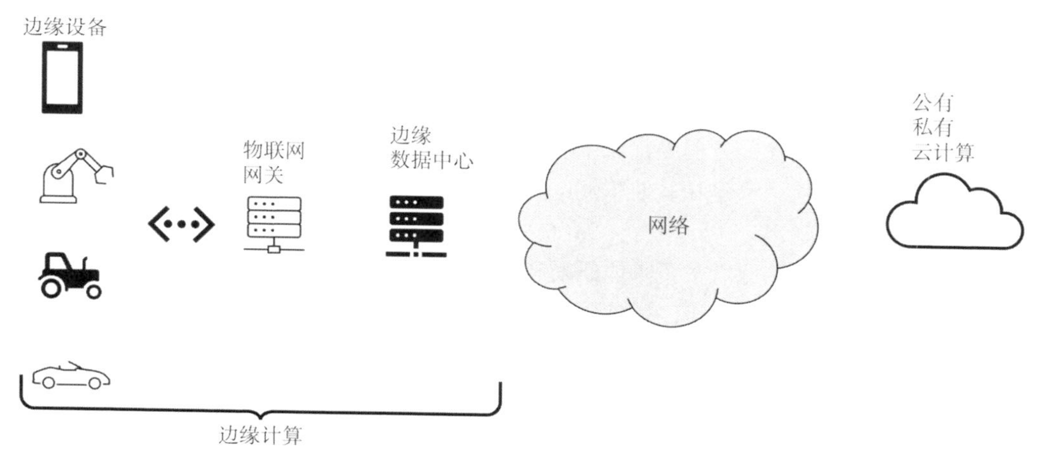

图8.3 边缘计算和云计算

在边缘计算和大规模数据中心之间小心平衡的工作需要精心设计和自动化。在这种情况下，自动化必须包括管理集中式公共资源和分布式边缘云示例资源。边缘云是行业中的新兴领域。以自动化的方式在集中式公有云和分布式边缘云上分发和管理工作仍在不断演进，是各种创新工作所探讨的主题。

8.12 学以致用：网联汽车案例

下面，将本章介绍的概念运用到网联汽车实例。

网联汽车由传感器和计算机连接，要求在运行期间预置、配置和监测车辆，并支持软件和固件升级，最终在完成车辆使用期限时退役。网联汽车特别要求支持远程管理安装在所连接车辆上设备的生命周期。如果存在硬件故障，必须检测到故障，并且必须易于更换。更换部分需要通过同样的生命周期管理流程，包括预置、配置、监测、升级和维护，最后退役。在理想情况下，诊断软件必须能够基于作用于传感器数据的机器学习模型预测故障，避免远程管理车辆的停机时间。无论如何，故障都不应该导致不安全的结果。

所有这些要求都要通过自动化实现的。设备监测的自动化和诊断信息的实时分析可帮助车辆做到优先考虑安全和功能。这些功能直接关系到车辆制造商和运营商的业务成果。

边缘计算在网联汽车的案例中非常重要。如前所述，每辆网联汽车预计每小时会产生多达 25GB 的数据，这些数据将用于实现很多功能。某些功能(如实时导航)涉及车辆及司乘人员的安全，因此这种处理和关键决策必须非常可靠和快速。部署在本地的机载计算运行软件利用机器学习模型和传感器数据，可以做出快速决策。模型会定期改进并下载到车辆中。车辆的在线处理还优化了发送的数据量和发送时间。关键数据将快速发送到基于云端的软件应用程序和其他车辆，而其他一些数据可能会存储在车辆本地，并在网络连接良好时发送。

云计算对于扩展网联汽车技术的研发和部署非常重要。必须收集、实时处理和离线分析数以千计的网联汽车数据，以便更安全、更高效地驾驶。这要求软件在大量计算和存储容量上大规模运行，也就是扩展到云端(如图 8.4 所示)。

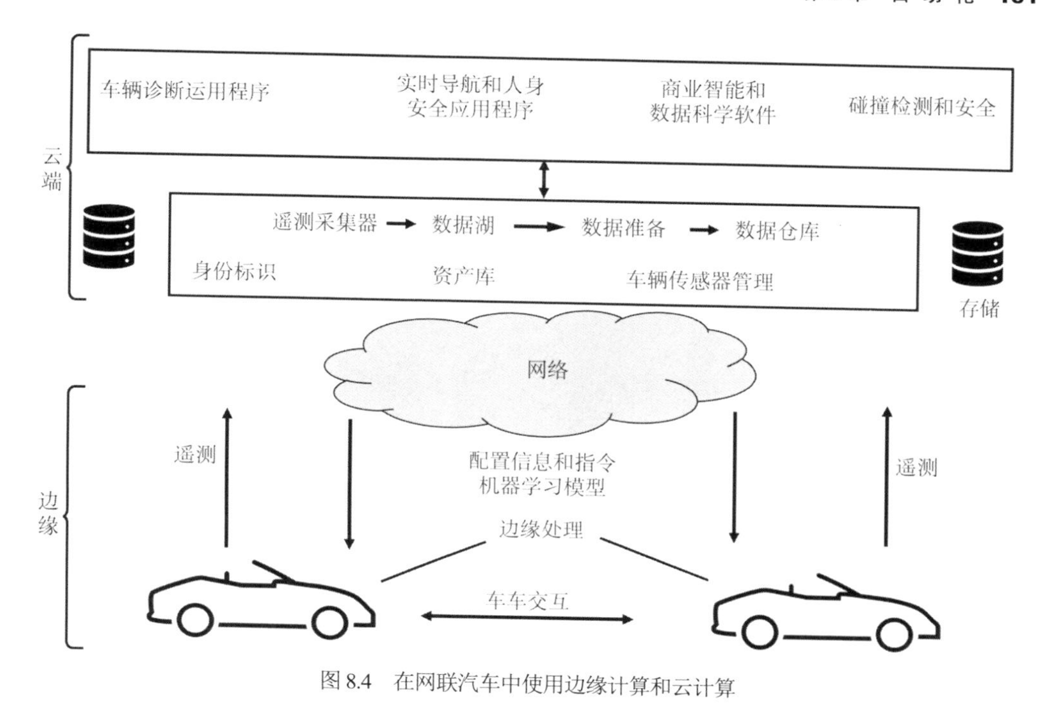

图8.4 在网联汽车中使用边缘计算和云计算

8.13 总结

数字化转型涉及连接(物联网单元、物联网网关、网络)、自动化(设备生命周期、网络自动化、应用程序自动化、自动化操作的工作流自动化)、分析(数据系统应用程序和分析软件)以及价值链的持续改善。本章涵盖了自动化的各个方面，对于实现规模和速度非常重要。所有设计都必须在安全的前提下完成。下一章将介绍如何在物联网系统的设计中实现安全。

第9章 跨行业物联网应用案例

本章将介绍基于各个行业场景的应用案例，包括汽车制造、电子制造服务、网联汽车、海港和机场等应用，也涉及新的市场细分场景应用案例，如将无人机应用于医疗和保健系统，还包括石油和天然气行业的应用案例。对每个应用案例都会总结已知的事件序列。在阅读本章的应用案例后，相信物联网专家将会熟悉任意应用场景的物联网系统设计。

9.1 简介

物联网通过改善生活各个方面的质量，将彻底改变人们的生活方式。2010 年，智能手机和平板电脑数量的爆炸式增长，使联网设备数量达到 125 亿台。Cisco 互联网业务解决方案部门 2011 年的报告指出，到 2020 年，会有 500 亿台设备连接到互联网，且人均接入设备数量将达到 6.58 台(如图 9.1 所示)。

如今，物联网用于将奶牛、水管、人员，甚至跑鞋、树木和动物接入网络，用以优化价值链，最终提高地球上所有人的生活质量。荷兰初创公司 Sparked 在奶牛的耳朵中植入传感器，农民可以借此监测奶牛的健康状况并追踪奶牛的活动轨迹，以确保更健康、更充足的牛奶供应。平均下来，每头牛每年会产生 200MB 的信息。

可穿戴物联网设备如今已成为现实。物联网设备用于持续监测家中孩子和老人的情况，包括他们的生命体征。如果生命体征有任何异样，家庭成员和医疗健康专业人员会及时收到警报。当有人按门铃时，不管身处何处，智能手机都可弹出访客的图像。

心跳监测仪等非植入性生物测量设备用于健康监测。此外，医院也会使用许多物联网设备持续监测住院病人的健康状况。

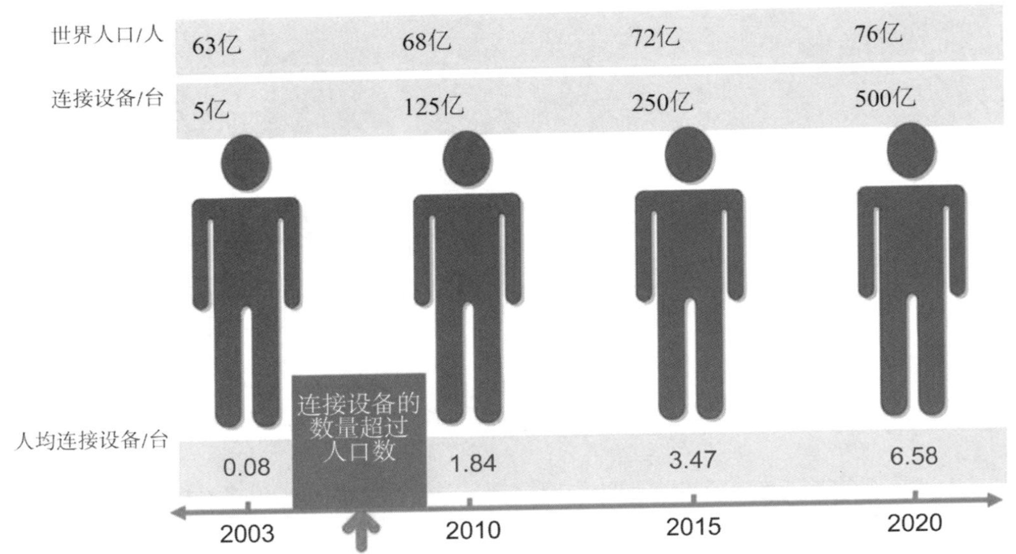

图 9.1 Cisco 预测

为提高执法效率，每个警察都将佩戴一台具备传输流媒体视频功能的物联网设备，精准的面部识别算法可以帮助警方识别嫌疑人。嫌疑人的图像存储在云端，授权人员可访问这个庞大的数据库。

毫不夸张地说，物联网可广泛应用于各个产业或领域。物联网现已跨越多个行业的应用领域。物联网的应用价值链不可限量。本书将重点关注一些关键行业，在这些行业中，物联网已经改造了价值链，为终端客户提供更好的体验的同时也提高了生产效率。

本书列举了以下领域的物联网应用案例，将极大扩展物联网专家对于物联网在众多应用领域的认识：

- 制造业
- 汽车
- 电子制造服务
- 网联汽车/供应
- 智能海港
- 智能机场
- 智能家居
- 应用于医疗/健康行业的无人机

9.2　制造业

在制造业中应用物联网，不仅可以将质量标准提高到零缺陷，还有助于提高生产率。物联网应用场景大大减少了决策中的人为干预。

9.2.1　汽车制造业

物联网在汽车制造领域的应用将汽车工厂变成了互联的生态系统。以汽车组装厂为例，图 9.2 展示了汽车工业之父亨利 • 福特于 1908 年采用的福特汽车装配线。

图 9.2　福特装配线(图片来源：福特汽车)

典型的汽车装配线由多个工位组成，每个工位完成特定的装配工作，所有工位通过轨道或传送带连接，生产单元也在这些轨道或传送带上移动。当生产单元从第一个工位流转到最后一个工位时，就完成了全部的组装。为了更好地理解，假设汽车装配线上有 5 个工位，如图 9.3 所示。

图 9.3 突显了每个工位完成的装配工作。假设每个工位所做的工作如下。

- 工位 1：将汽车的外部车身固定在基础部件上，而基础部件则在传送轨道上从一个工位移动到另一个工位。部件在工位间的移动是由计算机数控(Computer Numerical Control，CNC)机器完成的
- 工位 2：固定门窗、座椅、发动机
- 工位 3：组装轮胎轮辋、方向盘和仪表盘(也称为仪表组)
- 工位 4：固定轮胎
- 工位 5：组装所有的内饰和外饰，汽车最终到达终点测试工位

图 9.3 汽车装配线站(图片来源：见网址 9.1)

以上列出的每个工位的所有工作都是通过人工或计算机控制的机械臂完成的。

假设汽车部件的仪表盘紧固没有正确完成，而汽车继续完成了全部组装，在测试工位(执行预定义功能测试的地方)工作结束后，该车从生产线下线，然后通过销售渠道交付给最终用户。

购买上述车辆的客户，在驾驶车辆时会发现问题并进行投诉。基于购买了有缺陷汽车的客户的投诉，公司将对这批次汽车执行 A 级召回。客户需要将车辆送回购买车辆的经销商处，然后由经销商修复制造缺陷。在整个召回活动中，客户和公司都损失了金钱和时间。在上述生产线上引入物联网不仅可以提高生产质量，还可以提高生产效率。现在，一起来看看引入了物联网的同一条生产线。

回顾第 1 章讨论的基础物联网单元，如图 9.4 所示。

物联网单元连接在每个工位上，并联网形成全自动系统。

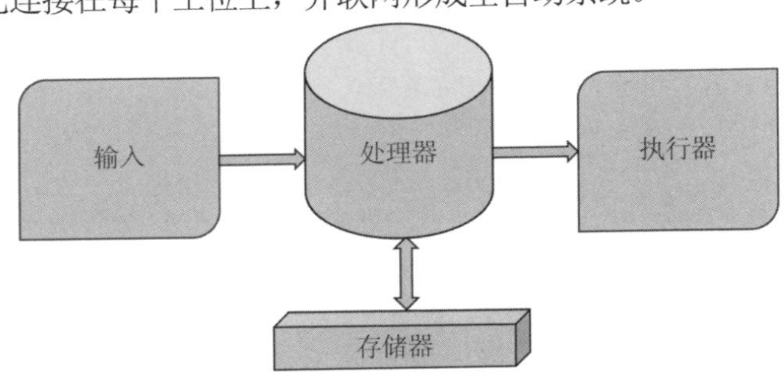

图 9.4 基础物联网单元

第一个工位将汽车的外部车身固定在基础部件上面。扭矩值由每个紧固件机器输出，并由扭矩传感器捕获。CNC 机器读取扭矩传感器数字输出，将组装中的部件移动到下一个工位。CNC 机器中运行的应用程序将扭矩值与预定义的黄金值比较(黄金值是指最佳期望值)。只有当扭矩值与所有紧固活动的黄金值匹配时，CNC 处理程序才会收到将生产中的部件移动到下一个工位的命令。如果有 8 次紧固活动，则所有 8 个扭矩值都将被捕获并与黄金值比较。如果所有 8 个值都与黄金值匹配或在黄金值的规定范围内，则 CNC 机器发出移动信号以移动机械臂，将生产中的部件运送到第二个工位。同时，中央仪表盘更新扭矩值，生产状态下的部件显示为通过第一个工位。所有活动及其数值都带着时间戳记录到中央服务器中。如果任何一个扭矩值不在黄金值的规定范围内，则会产生一个错误信号以指示故障，该部件将不会前进到第二个工位。仪表盘更新故障单元，并记录到中央服务器。本例中，基于物联网的 CNC 机器拓扑如图 9.5 所示，测试站工作流程图如图 9.6 所示。

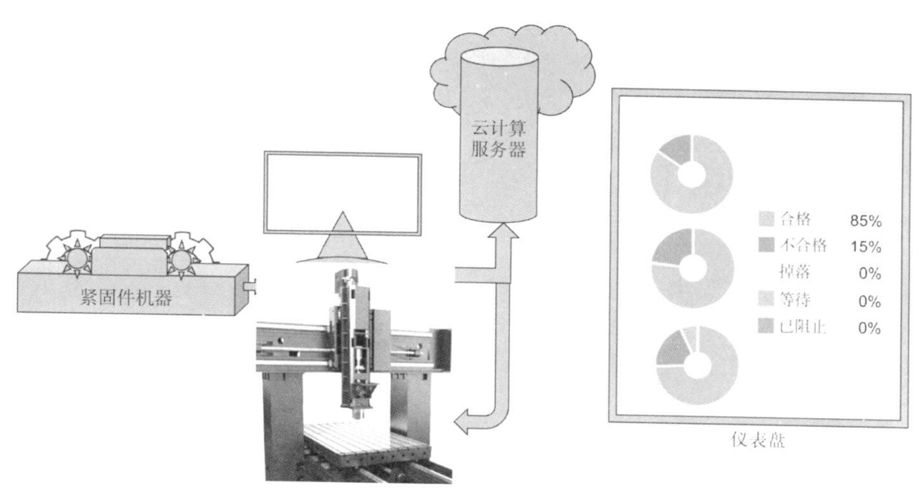

图 9.5　基于物联网的 CNC 机器

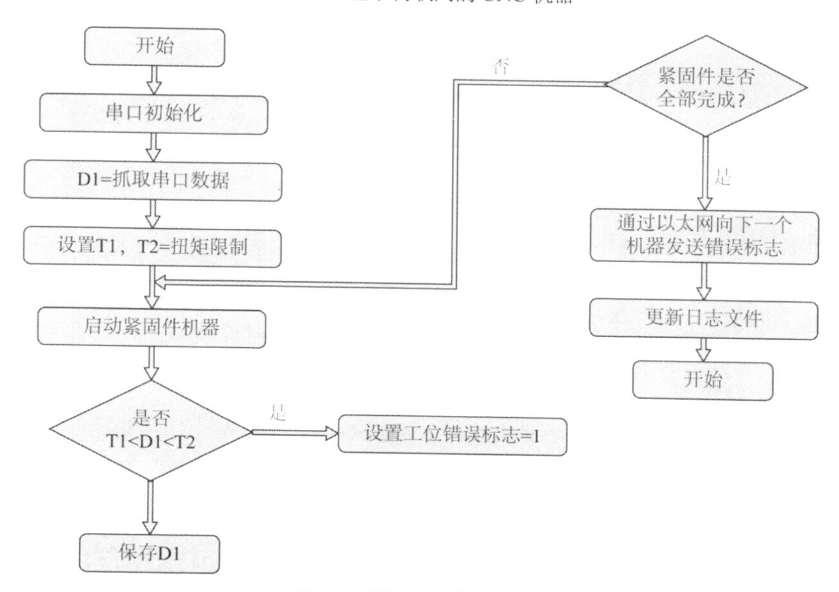

图 9.6　测试站工作流程图

其结果是，当且仅当受测产品符合所有质量要求时，连通的物联网系统(由传感器和数字输入数据读取器组成)才决定将产品移至下一个工位。上述活动在整个装配线持续执行，确保仅在先前的装配活动成功完成后，才能进入下一个装配环节。由于没有人为干预，自动化将确保最高的质量并提升产量。书中的许多概念都可以用于这一案例。鉴于这些系统由物联网硬件、系统软件、通信和应用软件组合而成，因此，在规划设计中，安全最为重要。必须遵循安全原则，如强身份管理、系统加固、维护更新补丁、强制执行数据和日志完整性、与云的安全通信以及防篡改技术。控制每个工位的软件部署在具有边缘计算能力的边缘节点之上。工厂中执行这些任务的机器数量可能有数千台。部署在云端的应用软件将分析来自所有这些机器的数据，同时将来自这些机器的传感数据存储在为此设计的数据系统上。这种分析将引导模型改进实现更好的车辆设计。物联网应用软件可用于监测机器本身的健康状况，减少停机时间并触发主动维护。所有这些都有助于改善价值链，并创造更好的客户体验。

以下是物联网的优点。类似的概念可用于生产线中的所有工位：

- 闭环控制机制，确保测量和记录所有的生产活动
- 不再会造成 A 级召回
- 提高质量标准，改善生产基础
- 利用仪表盘显示生产数据，严格控制操作
- 如果生产数据和仪表盘存储在云服务器上，相关人员可以随时随地查看生产活动/实时状态
- 由于每个活动都记录在服务器上，因此，数据可用于进一步分析，并改进产品或流程

9.2.2 电子制造服务

电子制造服务(EMS)行业是另一个因使用物联网而提高生产效率，并且对提高产品质量产生重大影响的主要领域。下面考察的 EMS 组装线将用于组装和生产网络接入设备(即调制解调器)，如图 9.7 所示。

装配线由以下工位组成，每个工位都有一台运行各个工位程序并连接到中央云服务器的计算机：

- 元件摘嵌机
- 回流焊机
- 自动光学检测(Automated Optical Inspection，AOI)
- 功能测试仪 1
- 现场可编程设备(Field Programmable Device，FPD)编程
- 功能测试仪 2
- 生产线末端测试仪
- 贴标/包装机

每个装配工位将完成应执行的任务，并将日志文件存储到云服务器上。装配线上的 SMT 的机械装置拾取指定的表面贴装元件，并放置在印制电路板上的指定位置。在下一

个工位，回流焊机将焊接各种通孔元件。

当所有元件都焊接好后，印制电路板就变成了印制电路板组件。所有组件焊接完成后，EMS 公司会执行边界扫描/JTAG 测试或电路测试(Circuit Test，ICT)，以确保没有遗漏组件，并验证 PCB 的组装确实完好无损。

每个新的单元都有唯一的序列号，板上的条形码用于标识该序列号。在装配线上，当且仅当前一工位通过测试，并且测试结果上传至中央云服务器后，特定工位才开始生产活动。功能测试仪会完成消息验证码(Message Authentication Code，MAC)地址验证/写入工作。任何工位的任何活动都从扫描电路板的序列号开始。

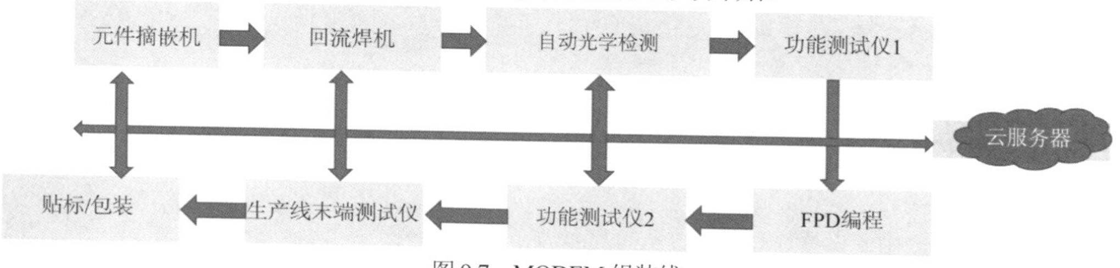

图 9.7　MODEM 组装线

FPD 编程工位给包括 NAND 或 NOR 存储器在内的所有 FPD 编制程序。同样，结果将记录到服务器上。FPD 测试仪后面的功能测试仪 2 将确保基本的 ping 测试运行良好。为确保贴上 PASS 标签并生成最终检查指令，生产线末端测试仪充当最后的 ROI 和检查(有时是 X 射线)测试。最终检查结果一旦完成，便存储在云端，并更新生产仪表盘。这种互连方法也有助于确保制造商不会遗漏任何测试工位。

如图 9.8 所示，支持物联网的装配线上每个工位都有一个物联网单元。

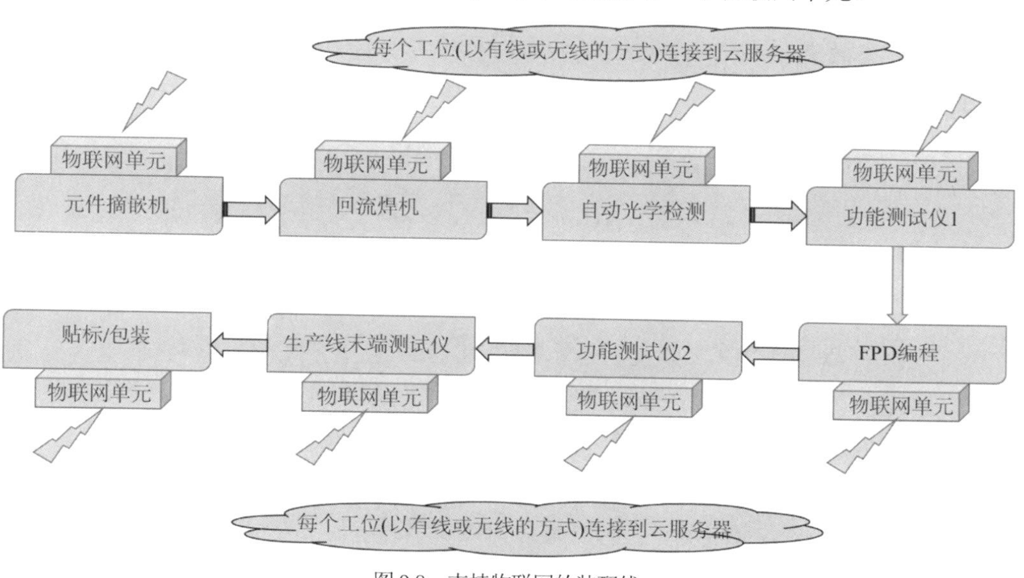

图 9.8　支持物联网的装配线

每个工位的物联网单元将具有与该特定工位相关的不同组件。

本书各章中的许多概念都可用于这个案例。首先，必须考虑安全设计原则。例如，在这个案例中，云服务器必须强制保护日志和测试结果，确保数据不会发生篡改或泄露事件。必须正确授权对云服务器的访问，并启用安全日志记录和持续监测功能。整个工作流程的自动化包括对每台机器及其性能和工作条件的持续监测。在所有生产线中，减少生产线的停机时间都是关键的绩效目标。本书中研究的物联网技术可用于监测机器、预测故障并主动维护以避免停机。生产线的另一个关键绩效指标是制造的最终产品的质量。通过将每个工位连接到云服务器并监测每个工位和测试的结果，可控制最终产品的质量，还可及时避免产品出现缺陷。

9.3 网联汽车

网联汽车是指将各种物联网单元连接到车内的各个部分，并与内外部设备通信的汽车。例如，连接到汽车电池的物联网单元会持续监测电池的健康状况，并将电池参数传送给内部控制器，进而显示在仪表盘上，同时，还会与云上装有先进软件系统的服务器通信，存储和处理这些数据。整个车辆都使用物联网单元持续监测和报告车辆的健康状况，不仅主动向汽车用户提供信息，而且还向维护车辆的汽车服务站提供数据。例如，汽车用户/车主在预定的时间间隔内(如每天一次或隔天或每周一次，用户可以自行设置)，收到车辆当前燃油量或电池电量的短信，帮助汽车的用户/车主做出相应的计划。当传感器提示可能出现问题时，如油压和轮胎压力突然下降，驾驶员可以在故障发生前采取处理措施。

安装在车辆中的信息娱乐设备(用于信息和娱乐，如图 9.9 所示)显示车辆健康参数，并提供主动警告信息，以及提醒车主近期的服务/维护。

图 9.9　安装在车辆中的信息娱乐设备

网联汽车内置有可与本地交通控制站通信的通信系统(使用 SIM 卡实现无线连接)。例如，在接近交通信号灯时，信息娱乐系统会主动提供穿过交通信号灯需要多长时间的信息，并在看不清路况时提供交通状况信息。

当今，许多先进的汽车所具有的一个共同特点是车道控制。安装在车辆两侧的传感器/摄像头将确保汽车始终在车道内行驶。车道切换可在没有驾驶员干预的情况下自动完成，如图 9.10 和图 9.11 所示。

图 9.10　非联网汽车的车道切换必须由驾驶员手动完成(图片来源：Vusal Lbadzade，见网址 9.2)

图 9.11　网联汽车将自动、安全地切换车道，无须驾驶员干预(图片来源：The Earlyblog)

本书每一章都介绍了网联汽车案例在不同领域中的应用。书中的许多概念都适用于网联汽车应用案例。

9.4 智能海港

9.4.1 智能海港管理

鹿特丹海港的研究案例说明了如何使用连接的物联网设备完成海港智能化(如图 9.12 所示)。鹿特丹海港是欧洲最大、最繁忙的海港，全长 42 公里。每年，包括世界上最大的货轮在内，有 13 万艘船舶进出港口。港口处理约 8 百万个集装箱和超过 4.68 亿吨的货物。为确保船舶安全地通过、靠泊，以及转运货物，需要付出很多努力。可以认为，鹿特丹海港就是一座城中城，是 3 千多家企业的所在地，拥有员工合计超过 18 万人。

图 9.12　鹿特丹海港鸟瞰图(图片来源：鹿特丹港)

鹿特丹海港已达到物理极限，无法进一步扩展。其领先于其他港口的唯一方法就是开展“数字化转型”。通过数字化转型，这个港口成为了世界上最智能的港口。数字化之旅始于港口区域，使用用于收集和处理数据的遥测技术，为制定基于数据的明智决策奠定更坚实的基础。港口收集传感器捕获的天气、水文、环境和基础设施状态，将许多现有的应用程序集成到一个单一的传感器数据平台上。这一新解决方案实现了一个强大的物联网生态系统，该生态系统安全、可靠且可扩展。

物联网平台的首要目标是将船舶进出港口的各个方面数字化，改进交通规划和管理。有了单一生态系统中的所有数据，决策支持系统的开发变得更加容易。为了实现数字化并收集所需的数据，已决定将物理港口接入数字世界。为此，在港口至关重要的位置放置了传感器，捕获水和天气状况的实时数据，包括潮汐高度、潮汐流、含盐量、能见度、风速和风向。所有这些传感器联网形成一个集成的物联网系统。

港口接收不同类型的船舶，包括集装箱船、游轮、油轮、滚装船、汽车运输船、散货船和冷藏船。港口的主要业务是装卸这些船只的货物，并将货物运输到仓库或其他目的地。

以下领域通过物联网系统实现自动化管理：

- 基础架构管理
- 船舶交通管理
- 环境管理
- 废弃物管理
- 使用可再生能源
- 港口的安全和保障

9.4.2　用物联网管理集装箱

物联网的另一个重要应用场景是追踪海港的集装箱。商船运载数百个集装箱，并在停靠的泊位卸货。然后，这些集装箱由集装箱运输工具运送到港口的中央基础设施(如图 9.13 和图 9.14 所示)。在中央基础设施中，集装箱放置的位置是随机的，因此，追踪这些集装箱极其困难。图 9.15 展示了一个放置了数千个集装箱的港口，由图可以看出，人工查找集装箱实际上是不可能的。这是一个典型的物联网简化追踪集装箱的示例。

图 9.13　堆放在鹿特丹海港的集装箱(图片来源：Freepik 设计，见网址 9.3)

图 9.14　堆满集装箱的海港(图片来源：Unsplash 的 Sergio Souza)

图 9.15　放置了数千个集装箱的港口，几乎不可能找到集装箱(图片来源：Unsplash 的 Pat Whelen)

集装箱一旦卸载，就会贴上射频识别标签，标签上有唯一的序列号和物理位置坐标。RFID 信息与集装箱最终所有者的详细信息一起传输，并保存在云端的中央数据库之中。当需要定位/追踪集装箱时，RFID 读取器将广播唯一的标签信息，如图 9.16 所示。所有的 RFID 标签都接收到该信息，但只有与之匹配的标签响应相应的位置信息，并打开指示灯。位置信息含有预编码的集装箱坐标数据。手持定位设备上的图形用户界面中会显示集装箱的准确位置。这是在各种类似应用程序中广泛使用的最简单的案例。通过提供最终所有者的详细信息以及集装箱在港口停留的天数，可以使 RFID 标签信息更加智能。对于集装箱的追踪，能够存储和处理的信息种类没有限制。

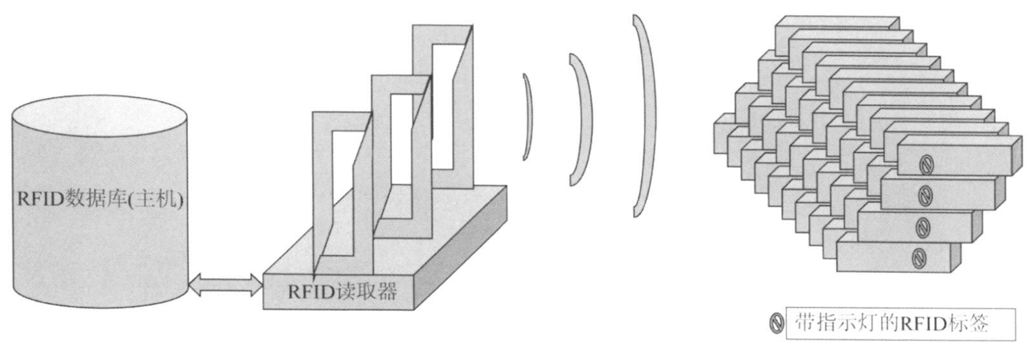

图 9.16　基于 RFID 的集装箱定位器

确保安全和保密对海港很重要。分配加强的设备标识将确保仅与目标设备通信。加强数据、通信和数据库安全将实现数据的完整性和机密性，使每个海港的客户都能对货物的机密性放心。海港自动化需要付出巨大的努力。本书研究的所有技术，如边缘计算、云计算、基础设施自动化、应用程序管理自动化、海港工作流自动化、网络、数据系统、分析和安全，都适用于这个应用案例。

9.5　智能机场

IDC 研究(见网址 9.4)发布了 2019 年的十大预测。其中一项预测指出，到 2020 年，物联网主导的包括航空领域在内的各个行业中，会有约 300 亿个连接终端，使数字化转型更加现实。

据 Kelltontech 博客(见网址 9.5)统计，96%的航空乘客在进入机场时会携带智能手机。使用物联网能够建造更智能的机场，从而全面改善乘客体验(如图 9.17 所示)。

机场的转型从对旅客进入机场大楼到离开机场大楼的实时追踪开始。

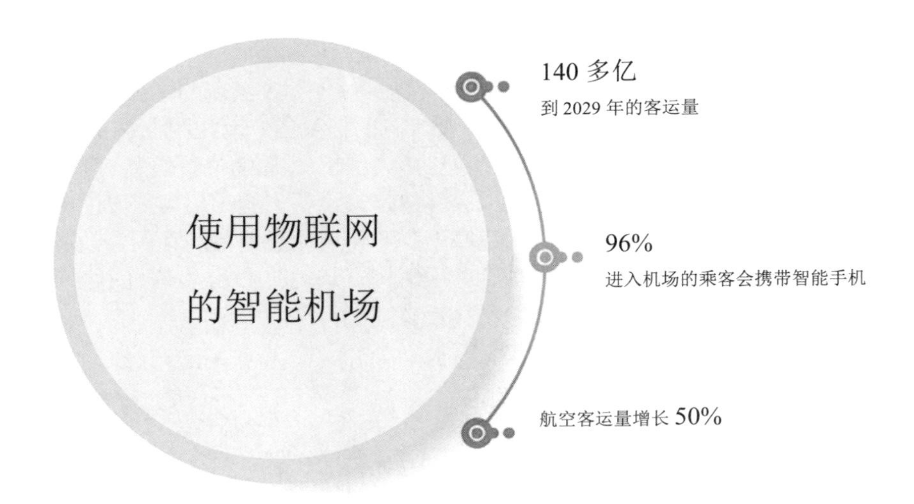

图 9.17 机场物联网应用(图片来源：Kelltontech 博客)

9.5.1 旅客追踪

除了追踪航班状态外，在智能手机上运行的航空公司应用程序还将向乘客提供所有必要的警示。图 9.18 展示了美国联合航空公司的一个此类 App。

图 9.18 运行在智能设备上的美国联合航空公司 App(图片来源：联合航空公司)

假设乘客在下周一早上 8 点要乘坐一趟航班，App 将从本周五开始提醒乘客，并提示乘客首先进行在线登记。乘客可以使用 App 选择座位并生成登机牌。大多情况下，座位是基于乘客的选择偏好或乘坐记录预先分配的。出行当日，App 会提供航班状态、到达机场的交通状况，以及从乘客当前所在位置前往机场所需的大致时间。乘客到达机场值机柜台时，将完成生物识别扫描，并为每位乘客生成一个 RFID 标签。乘客需要全程携带 RFID 标签，直至离开目的地机场。RFID 标签将允许航空公司能够实时追踪乘客的动向，并全时段实时追踪载客量和交通情况。航空公司工作人员可以监测准备登机的乘客的位置，并发送个性化的文字提醒。

9.5.2　行李追踪

行李丢失或行李延误会影响机场的声誉。借助物联网，行李追踪服务得到了出乎意料的改进。从行李放在值机柜台开始，一直到目的地机场，乘客可以随时查看行李的状态。在目的地机场，乘客可以查看行李何时到达，以及行李的当前位置。

9.5.3　机场安全保障

通过联网摄像头，机场安保显著加强了对建筑物每个角落的持续监测。遍布机场的监视摄像头监视固定物品，并向保安人员指明固定物品的位置。加上面部识别软件，搜索和识别犯罪分子变得相对容易。在绿色通道出口处放置高分辨率摄像头，可监测人脸的心理情绪变化，并警示安保人员。这些基础设施有助于以更快、更智能的方式识别犯罪分子。

在为机场自动化设计的物联网系统中，牢记安全原则至关重要。例如，由于收集个人数据(如物理位置)而引起乘客对隐私问题的顾虑，必须按照法律法规监管合规和事发管辖权的要求予以解决。

9.6　医疗健康系统无人机

无人机是一种无人驾驶的飞行器或航天器，在航空领域中被称为无人驾驶飞行器(Unmanned Aerial Vehicle，UAV)，如图 9.19 所示。

无人机系统由无人机单元、地面控制器和两者之间的通信系统组成。无人机系统是具有遥测系统的物联网的经典示例，如图 9.20 所示。

无人机由轻质复合材料制成，在减轻重量的同时提高了机动性。本书开头几章提到的基础物联网单元都适用于无人机，如图 9.21 所示。

以下是无人机的三大基本功能：

- 飞行
- 导航
- 遥测

图 9.19　无人机(图片来源：Unsplash 的 Jared Brashier)

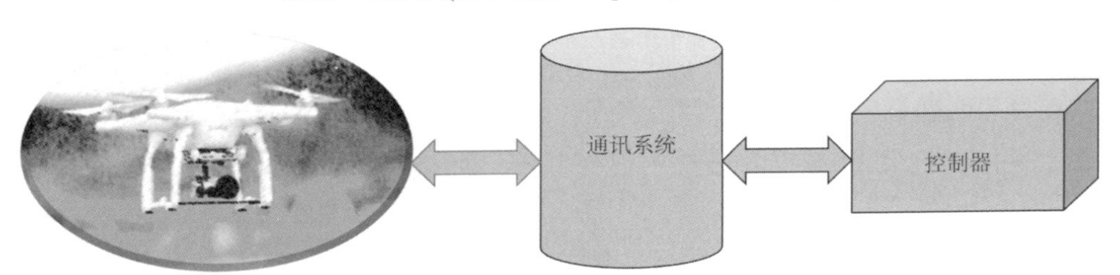

图 9.20　无人机系统

基础物联网单元

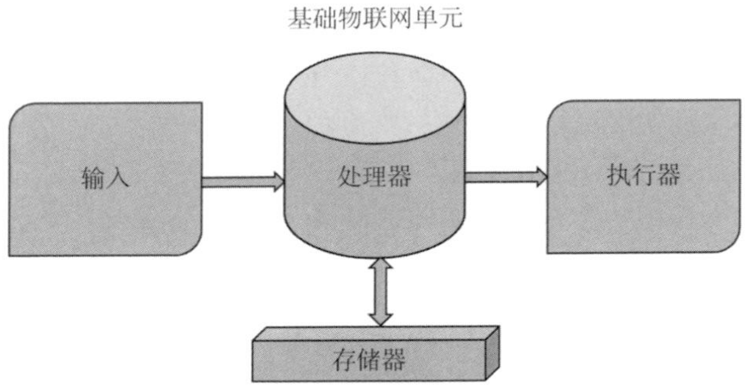

图 9.21　配备物联网单元的无人机

为实现飞行，无人机由旋翼、螺旋桨和供电的电池组成。这些部件安装在机架上，都是专门制造的，以确保最小化的无人机的整体重量。

为实现导航，无人机配备了 GPS 系统，通过无线电收发单元与地面控制器通信。基于从地面接收到的指令，无人机上的嵌入式控制器向飞行系统提供必要的控制信号。

无人机的另一个重要的组件是遥测系统，它是一个连接到无线电收发器的物联网单元。遥测系统是一种数据采集系统，在接收到命令后从传感器获取数据，并将数据传输到板载存储器，然后基于接收到的指令传输该数据。

无人机由地面控制站(Ground Control Station，GCS)操作，也可以在自主模式下运行。GCS 由一个嵌入式控制器组成，这个控制器除了从无人机获取数据外，还会发出必要的无线电指令以控制和指挥无人机。GCS 必须在无人机起飞、导航、获取数据和着陆时发出控制和指挥信号。GCS 可以是一个手持远程单元，如图 9.22 所示，也可以是一个巨大的地面控制站。

图 9.22　手持无人机地面控制单元(图片来源：Unsplash 的 Jasper Benning)

解释无人机结构或无人机技术超出了本书的范围，本书的目标是强调无人机的物联网方面及应用案例。在自主模式下，无人机可以在无人干预的情况下操作。整个飞行路径是预编程的，闭环控制系统将确保无人机在预定义的飞行路径上，从已知的起始点飞行到已知的目的地。任何飞行路径的偏差都将由无人机控制器感知，并修正飞行路径。

在无人机运行时，如果出现任何系统故障，控制器将按照编译好的程序执行自动故障安全保护。无人机在遥感应用和人类无法进入的领域非常有用，如矿山研究和考古调查。

基于使用机载无人机的物联网单元的类型，无人机有不同的应用，以下列出了其中一部分：

- 军事
- 监视
- 交付/投放应用场景
- 搜救行动
- 人类无法进入的区域的遥测
- 农业土地和作物监测
- 野火调查
- 新闻/捕捉实时视频/照片

无人机最常见的应用是监视。将摄像机安装在无人机上，从地面接收控制/命令指令(如图 9.23 所示)。无人机要么捕获实时视频并发送给地面控制，要么按照地面控制软件的指示拍摄照片。

图 9.23　装有摄像头的无人机(图片来源：unsplash 的 William Bayreuther)

在发生灾害后，由于很难进入灾区，人们可以使用无人机向该地区运送食品和医疗用品。在无人机的帮助下，可以将医疗用品快速送上门。除了室外无人机，小型室内无人机也可用于从药房向病床运送药物，从而免除人工递送。这不仅有助于快速送药，还能有效减少药品错误配送的概率，如图 9.24 所示。

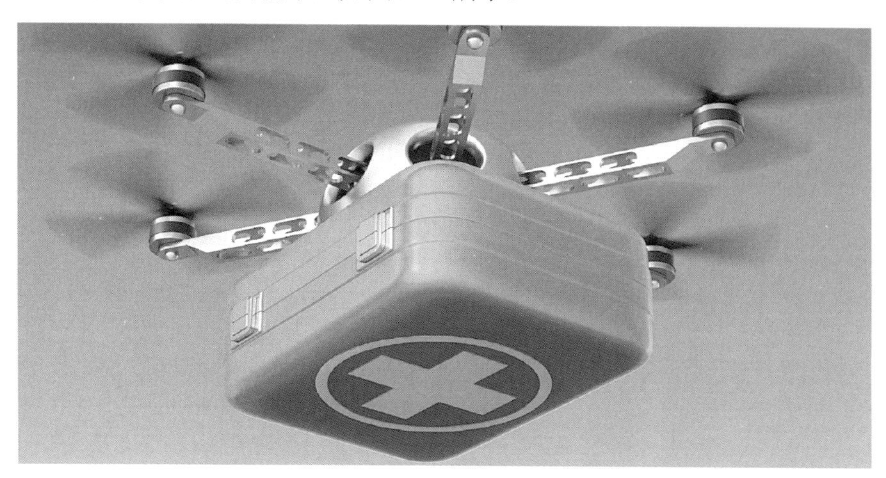

图 9.24　无人机携带投送医疗物资(图片来源：网址 9.6)

这项技术将使疗养院的人们能够在家中获得更长的护理时间。无人机将密切关注住在家里的痴呆症患者，或为无法自己准备饭菜的人送餐。无人机可用于向缺乏医疗设施的农村地区运送血液、疫苗、避孕药、抗蛇毒血清和其他医疗用品。救护车到达患者所在地需要的时间受限于交通状况，但无人机可以比救护车更快地到达患者的位置。

无人机将减少对人工护理的依赖，并降低协助人员的成本，还能够以更快的速度长途运输血液制品和实验室样本。例如，现在在医院之间使用汽车运输血液用品，而车辆容易发生事故和延误。无人机可帮助减少此类事故的发生。

无人机制造商 Flirtey 最近在美国完成了第一架船对岸无人机物资交付。该任务由约翰霍普金斯大学医学院和非营利性现场创新团队(Field Innovation Team，FIT)联合举行，展示了无人机如何在灾难情况下运送医疗用品和饮用水。

在结束这个案例前，简要讨论一下无人机的安全问题。首先，必须实施通信安全(如无人机对无人机、无人机对 GCS、无人机对网络、无人机对卫星)。其他必须考虑的安全领域还包括端到端指令、控制消息的完整性、避免碰撞、授权访问，以及处理电池放电后的安全着陆和 GPS 位置丢失等情况。请注意，对无人机的远程或物理黑客攻击会导致安全风险。当用于食品和医疗用品运输时，必须特别注意控制温度。此外，操作无人机时必须遵守当地的法律法规和监管合规要求。

9.7 物联网在石油天然气行业的应用案例

持续监测天然气管道非常重要，不管是贯穿城市的管道，还是从开采地到储存地的管道。物联网在该领域有一个经典案例。在天然气管道上，放置着带有气体检测传感器(用于检测气体泄漏)的物联网单元。这些传感器连接到遥测系统，并通过射频传输数据。控制中心持续监测这些传感器的数据，检查是否有气体泄漏。一旦发现泄漏，系统将立即发出警报信号，并标明已检测到的可能的泄漏位置。在某些自动化情况下，一旦检测到泄漏，就会生成用于关闭管线中气体传输的控制信号，然后发出警报(如图 9.25 所示)。

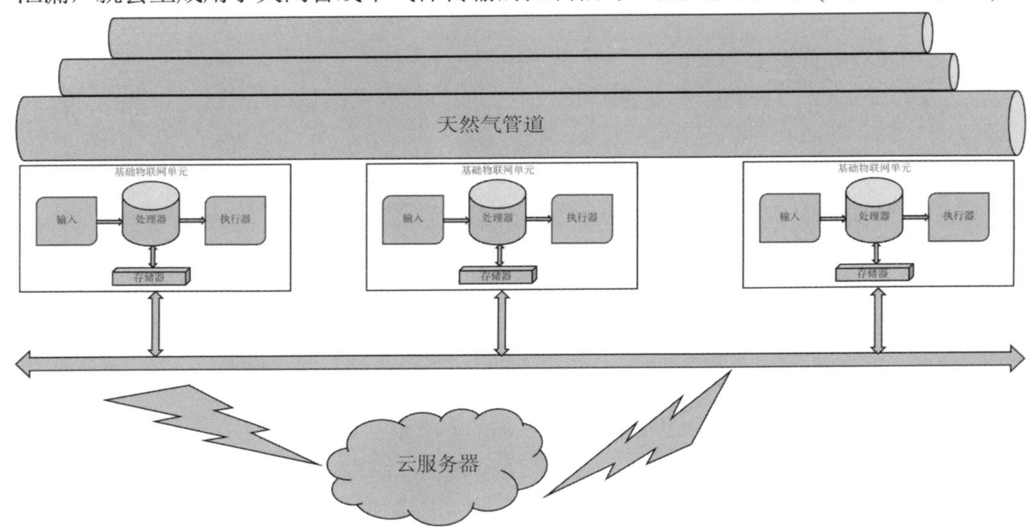

图 9.25　放置在天然气管道上的气体泄漏监测物联网单元

在某些情况下，遥测系统通过网络交换机连接到云服务器。在这种情形下，会将气体监测数据转换为 IP 数据包，然后通过 IP 网络传输。除了提供安全功能外，连接在石油钻井平台中的传感器在平台维护方面也有所帮助。数十万个传感器安装在整个石油钻井平台的适当位置。这些传感器每天生成高达 2TB 的海量数据。这些传感器收集的数据被用于控制系统(如 SCADA)，从而有效地维护石油钻井平台(如图 9.26 所示)。通过连接到云服务器的手持式人机界面(Human Machine Interface，HMI)系统，操作员能够持续监测从各种传感器收集的实时数据(如图 9.27 所示)。这不仅提供了主动的平台维护，还能帮助技术团队快速响应生产事故。

将安全思维应用于此例，必须通过强设备身份强制执行手持设备的身份验证。对于那些发送到云服务器的、用于监测的数据，必须检测数据是否受到篡改，并且必须保护端到端的控制信号通信(如关闭天然气)。

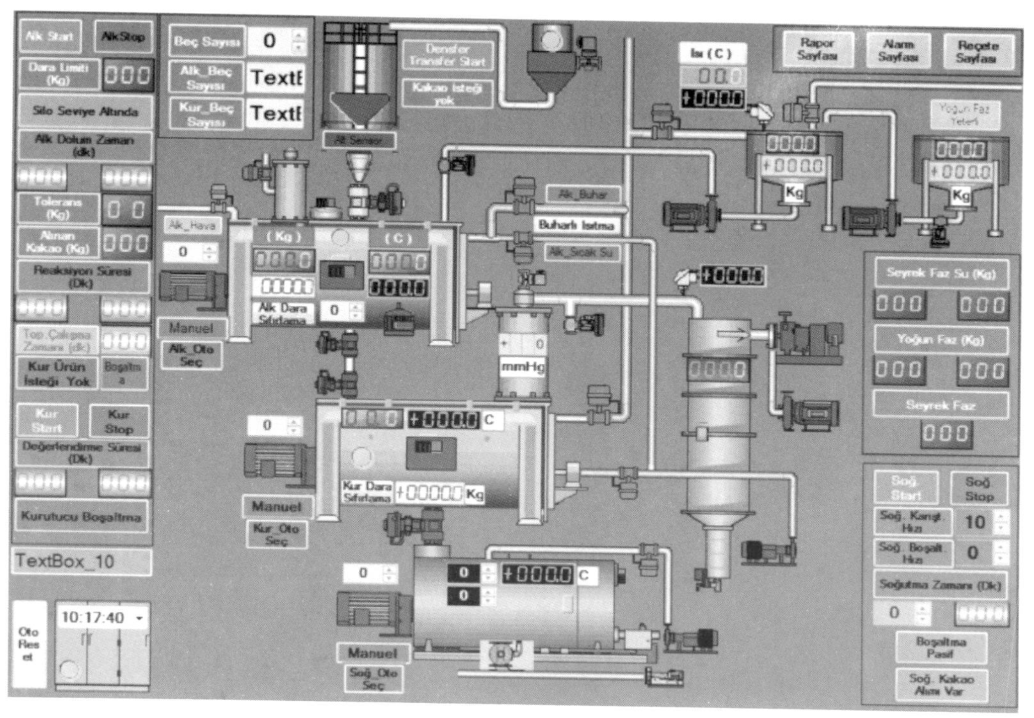

图 9.26　SCADA 控制系统(图片来源：SCADA)

图 9.27　手持式人机界面设备(图片来源：American Machinist)

9.8 总结

本章介绍的应用案例涉及不同行业，如运输、组装和制造、港口和机场、医疗健康以及石油天然气行业。物联网系统的应用场景没有局限。通过阅读这些基础案例，可将这些知识为任何行业部门实现应用场景。虽然物联网设备解决了跨行业的业务问题，但缺乏持续监测和不安全的物联网设备存在着巨大的安全风险。关于构建跨行业可信物联网生态系统所需安全技术的详细信息，请参阅第 7 章。

第10章 物联网案例集锦

本章定义了可在各行业实现的物联网(Internet of Things，IoT)案例，这些案例将有助于提升各领域的质量。这里定义的每个案例都可在现实世界中复现。通过设计和运用这些案例，行业专家可增加知识并增强专业技能。

10.1 银行物联网

案例 1

打造银行物联网(如图 10.1 所示)，自动化客户的银行业务体验。

必需的功能如下：

- 分析特定自动柜员机(Automated Teller Machine，ATM)的利用率，从而银行能决定进一步增加/减少 ATM 设施。
- 基于花销分析，为客户提供额外金融服务，创造新的价值链。
- 在 ATM 中实施人脸识别系统以防欺诈，在攻击方靠近 ATM 时立即警告正在操作存取款的客户。
- 打造智能银行分行以提升客户体验。自动化各种客户访问银行分行时需要完成的任务。

案例 2

使用 IoT 概念为客户在使用信用卡时提供增强且安全的交易体验。实现一个联网机器的应用场景，在这个应用场景中，客户无须亲自刷卡即可交易。

案例 3

当客户致电客户关怀服务热线时，为客户所需的金融服务提供更好的体验。

[提示]

- 为每项任务选择所需的传感器网络，如图像传感器(相机)和距离传感器。

图 10.1　银行物联网(将 IoT 运用于银行业)(图片来源：Kreyon Systems)

- 当客户开始使用 ATM 时，使用相机获取客户面部图像，并与存储在云服务器上的照片比对。在向客户提供特殊金融服务时，面部识别可作为一种额外的安全控制措施。
- 当客户使用 ATM 时，启用 ATM 周围的近距离传感器，提醒客户注意攻击方。
- 获取传感器数据，如使用 ATM 的客户数量，或每个客户使用的服务。
- 当客户使用信用卡/借记卡支付时，获取消费类型数据，如食物(如在餐厅消费)、杂货、娱乐、汽油、车辆维修。基于访问过的商店，提供关于可购买的商品建议，以及为了购买商品，银行可立即提供的融资(贷款)服务。
- 分析过去几个月的消费情况，为客户提供银行贷款或储蓄服务建议。如果顾客在商店购物，将建议客户通过选择其他消费方式或在其他商店购买更便宜的类似产品来省钱。
- 基于花销分析，向客户发送详细的电子邮件，建议客户访问附近的其他商店，以及银行提供的信贷服务。
- 基于交易类型，建议银行提供安全的交易方式。例如，如果信用卡支出大于某个数额，则建议使用 16 位虚拟卡号。
- 参考第 2 章，物联网架构和技术要点；第 3 章，联网机器；第 6 章，物联网数据系统设计和第 8 章，自动化。

10.2　农业物联网

案例 4

通过对以下工作的自动化，可提升农业工作者在农田中的耕种体验(如图 10.2 所示)：

- 使用无线传感器网络，检查土壤质量以及植物对水的需求，并自动管理作物灌溉系统。农业工作者通过仪表盘可了解已完成活动的状态
- 监视进入农田的攻击方并创建警报系统，不仅能防止人类入侵盗窃，还能防止野生动物吃掉庄稼
- 监视破坏作物的鸟类，并创建一个自动化但无害的系统，如通过产生巨大的电子噪声驱赶鸟类
- 分析天气状况，包括天气预报，并向农业工作者提供建议
- 在必要的农业机械使用方面为客户提供更好的体验

图 10.2　农业物联网(图片来源：IoT Design Pro)

[提示]

- 这些是远程传感器的经典应用场景示例。
- 选择市场上可买到的土壤湿度传感器、土壤密实度传感器、温度传感器、湿度传感器、距离传感器、水传感器、气流传感器和光谱传感器，创建传感器网络，以监测植物对氮等的需求；使用光学传感器和 pH 传感器测量土壤质量。
- 设计一个简单的控制器系统，接收来自上述的传感器的数据。
- 从上述传感器获取数据，并将数据显示在仪表盘或移动设备的专用应用程序中。

- 通过分析来自传感器组合的数据，检测攻击方。
- 通过使用来自专门土壤传感器的数据，可控制自主无人机喷洒肥料。
- 通过使用来自水传感器、土壤传感器的数据，控制水的分配。基于传感器的输入，编写管理用水的算法。
- 从天气预报站点获取当地天气，并使用这些数据管理现场的各种活动，如控制水分配，无人机喷洒肥料以及关闭某些传感器网络以防止大雨造成破坏。
- 确保网络安全，以避免攻击方干扰自动化系统。
- 参考第 1 章，物联网的演进；第 2 章，物联网架构和技术要点；第 3 章，联网机器；第 6 章，物联网数据系统设计和第 8 章，自动化。

10.3 增强型智能家居(家居自动化)

案例 5

打造智能家居以提高生活质量，并实现日常生活的高度自动化。

案例 6

建立安防系统以防攻击方和窃贼进入住宅。

案例 7

为智能家居提供自动用水管理系统(如图 10.3 所示)，以管理家庭和花园的用水，并为用户生成用水情况分析。

图 10.3 智能家居(图片来源：The Radware Blog)

[提示]

- 选择市场上可买到的传感器创建无线传感器网络，如温度传感器、水分传感器、湿度传感器、光学传感器和距离传感器。基于应用场景或案例，将这些传感器安装在家里不同的位置。
- 使用传感器持续监测食品供应情况，并为用户提供下订单、查找附近供货商店和在线购物选项等建议。
- 使用在白天和夜间都能工作的相机用图像传感器，捕获每个访客的面部图像，并将图像与云端的用户列表比较。如果不匹配，则以短信/语音提醒新访客。使用接近传感器和图像传感器记录访客到访的时刻。
- 在储水装置的不同位置部署水位传感器采集数据，如果水位低于设定值，则打开水泵；一旦水位到达储水装置中预定的位置，则关闭水泵。
- 参考第 1 章，物联网的演进；第 2 章，物联网架构和技术要点；第 3 章，联网机器；第 5 章，物联网硬件设计基础；第 6 章，物联网数据系统设计和第 8 章，自动化。

10.4 智能制造

案例 8

创建智能制造设施，在工厂制造某些产品时实现完全自动化，如图 10.4 所示。

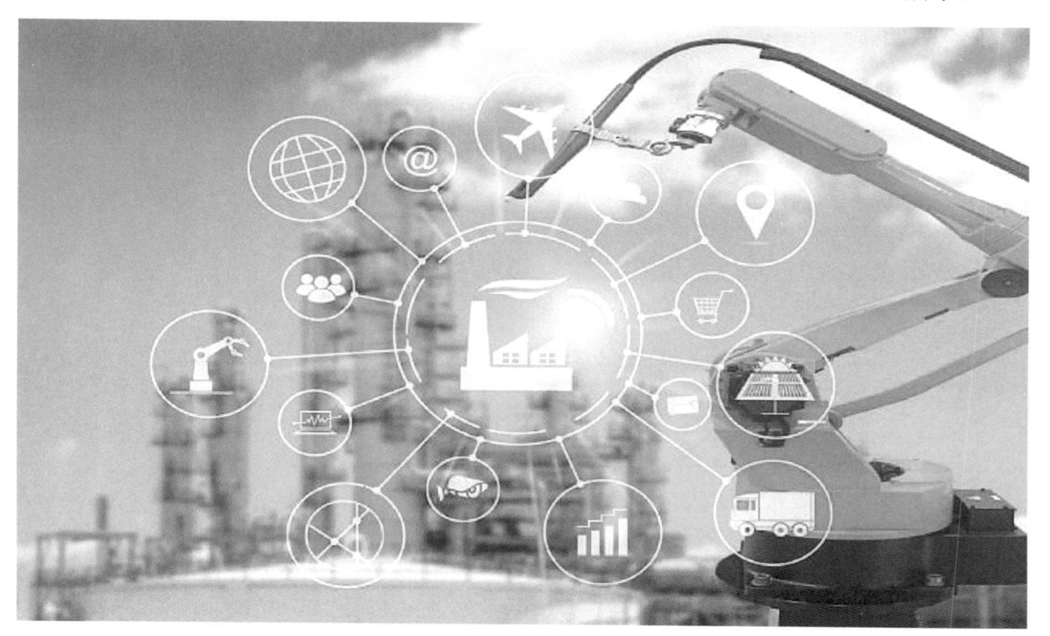

图 10.4 制造自动化(图片来源：网址 10.1)

[提示]

考虑以下内容的自动化:

- 资产追踪(生产前和生产后)
- 远程生产控制
- 提升生产力
- 改善物流/供应链运营
- 自动包装
- 生产质量
- 衡量人力参与度
- 测量缺陷
- 机器之间的互锁(如果适用)
- 测量生产周期率

在生产车间的适当位置使用适当的传感器部署传感器网络，可自动化地采集数据:

- 参考前面案例练习中提供的提示，并加以运用。
- 参考第 1 章，物联网的演进；第 2 章，物联网架构和技术要点；第 3 章，联网机器；第 5 章，物联网硬件设计基础；第 6 章，物联网数据系统设计；第 7 章，物联网：可信与安全的设计和第 9 章，跨行业物联网应用案例。

10.5 医疗物联网

案例 9

建设智慧医院，通过数字化转型的方式提升患者体验，实现医院中所有活动自动化。

[提示]

在医疗物联网中(Internet of Medical Things，IoMT)，可实现以下活动的自动化。

- 闭环的患者持续监测系统的使用:
  - 联网通风设备
  - 联网血糖监测仪
  - 联网隐形眼镜
  - 联网胰岛素注射设备
  - 患者运动持续监测
  - 患者睡眠分析(无创睡眠呼吸暂停测试系统)
  - 心脏监测系统(心电图、回声、脉搏、心率、氧气浓度等)
- 选择商用的无创医疗传感器，如温度、血压、心跳和体外传感器。
- 创建无线传感器网络，持续监测来自上述传感器的数据，并将数据显示在患者仪表板中，同时与初级保健医师通信。
- 参考前面案例练习中提供的提示，并加以运用。

- 参考第 1 章，物联网的演进；第 2 章，物联网架构和技术要点；第 3 章，联网机器；第 5 章，物联网硬件设计基础；第 6 章，物联网数据系统设计；第 7 章，物联网：可信与安全的设计；第 8 章，自动化和第 9 章，跨行业物联网应用案例。

10.6　配备智能汽车和智能家居的智慧城市

案例 10

从智能家居到智慧城市，自动化可提高人们的生活质量。

案例 11

全球面临的最大挑战是水资源短缺。打造智慧用水控制管理系统，帮助城市有效利用水资源。通过生成相关指标并分析，能为城市用水管理机制提供有效的数据支撑。

[提示]

- 智慧城市应用场景可考虑以下内容：
  - 智能泊车
  - 天气预报和持续监测
  - 废物管理
  - 用水管理(漏水检测)
  - 智能照明(智能自适应照明系统)
  - 空气质量持续监测
  - 森林火灾持续监测
  - 辐射水平持续监测
  - 噪声持续监测 (分贝计)
  - 交通拥堵持续监测
  - 公共卫生持续监测
  - 公共活动持续监测
  - 公共场所无主行李监测
- 选择适当的商用传感器，并创建无线传感器网络。
- 参考前面案例练习中提供的提示，并加以运用。
- 参考第 1 章，物联网的演进；第 2 章，物联网架构和技术要点；第 3 章，联网机器；第 5 章，物联网硬件设计基础；第 6 章，物联网数据系统设计；第 7 章，物联网：可信与安全的设计；第 8 章，自动化和第 9 章，跨行业物联网应用案例。

10.7　智能电网

案例 12

打造智能电网，实现以下内容自动化：

- 安全保障
- 过程控制
- 通信
- 能源利用分析

[提示]

- 参考“Sensors for Smart Grids”(智能电网传感器)Francisc Zavoda and Chris Yakymyshyn, ENERGY 2013：第三次智能电网，绿色通信和 IT 能源感知技术国际会议。
- 选择适当的商用传感器，并创建无线传感器网络。
- 参考前面案例练习中提供的提示，并加以运用。
- 参考第 1 章，物联网的演进；第 2 章，物联网架构和技术要点；第 3 章，联网机器；第 5 章，物联网硬件设计基础；第 6 章，物联网数据系统设计；第 7 章，物联网：可信与安全的设计；第 8 章，自动化和第 9 章，跨行业物联网应用案例。